I0040762

Papier Vélin

27402

OBSERVATIONS

HISTORIQUES ET CRITIQUES.

Se trouve

A PARIS, chez GAIL neveu, au Collége de France,
Place Cambrai.

OBSERVATIONS

HISTORIQUES ET CRITIQUES

SUR

LE TRAITÉ DE LA CHASSE,

DE XÉNOPHON;

XXXI.ᵉ Vol. de la Collection in-8.°

Par J. B. GAIL.

A PARIS,

DE L'IMPRIMERIE IMPÉRIALE.

1809.

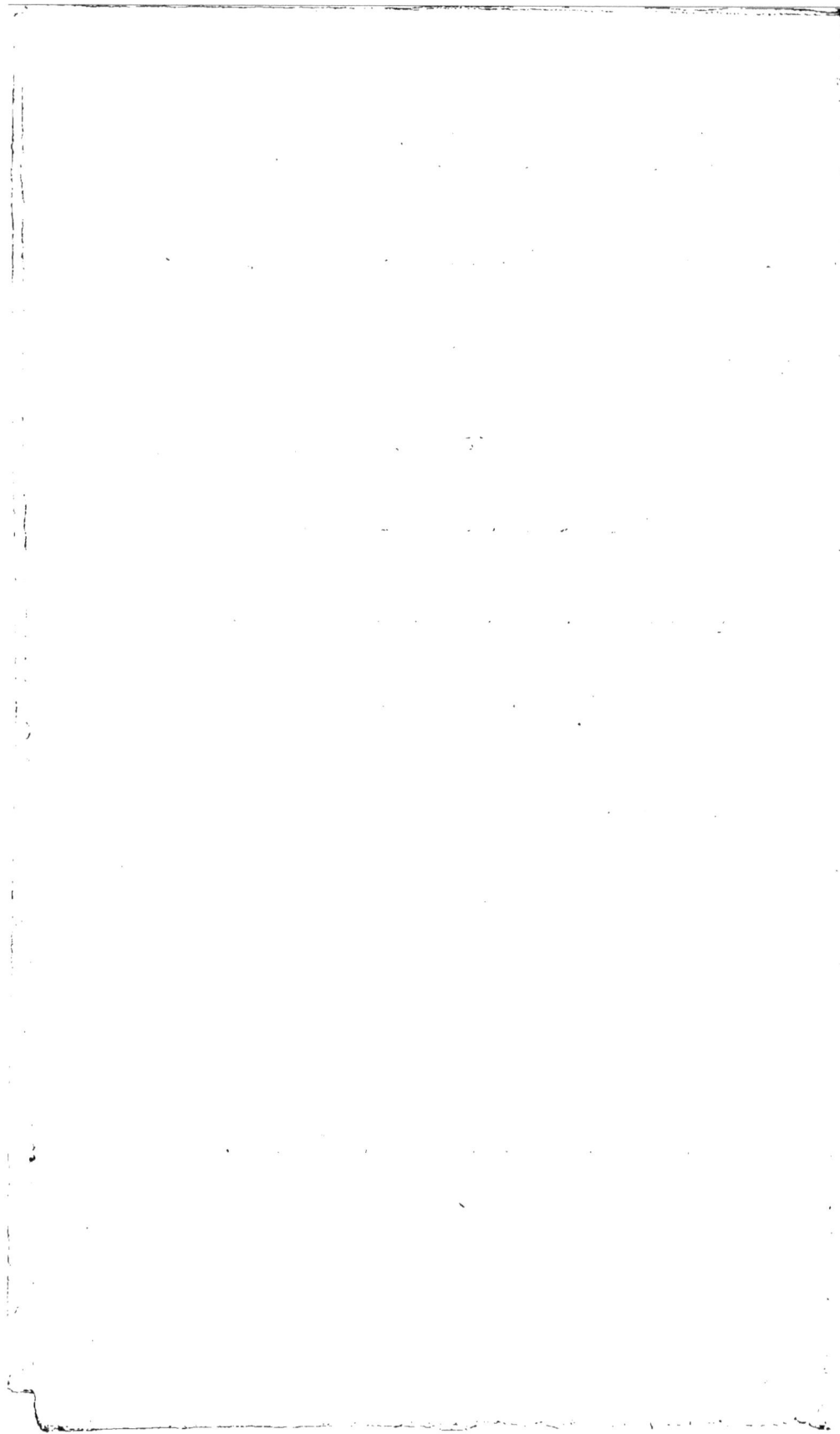

NOTES

SUR LES CYNÉGÉTIQUES.

CHAPITRE I.ᵉʳ

1. La chasse est une invention d'Apollon. Xénophon va traiter un sujet agréable ; il évitera la sécheresse du ton didactique ; il parlera le langage des poëtes. Ce ne sont pas de simples mortels qui ont inventé la chasse : Apollon et Diane, en voilà les auteurs ; Céphale, Esculape, Nestor, Pélée, Ulysse, Hippolyte, Castor, &c., voilà les disciples de cet art, que les anciens appeloient le plaisir des héros.

Au reste, dans son langage poétique, Xénophon est encore historien. On sait que les anciens, soit Grecs, soit Romains, rapportoient toujours à une divinité l'invention de chaque art. Oppien se conforme à cet usage lorsqu'il dit (1) : « Jadis un dieu fit présent aux mortels de trois sortes de chasses. » — « Je chante les dons des immortels, dit Gratius, cet art qui (2) porte la joie dans l'ame du chasseur. » — « O toi, dit Némésien dans une poétique invocation à Diane, ô toi, qui promènes tes loisirs dans le calme des forêts, Phébé, la gloire de Latone, parois sous tes atours accoutumés, arme ta main d'un arc, suspends à tes épaules un carquois brillant et garni de flèches dorées ! »

4. Ζεὺς γαρ. A l'exemple de Leunclave et autres, j'ai commencé une nouvelle phrase à Ζεὺς γαρ ; ce qui est évidemment

---

(1) *Voyez* Oppien, Cyn. *liv. I, v. 47*, et Alieut. *liv. II.*
(2) *Dona cano divûm, lætas venantibus artes.* Dans son élégante traduction, M. Delatour a reporté l'épithète de *lætas* à *dona ;* transposition permise : mais *doux* présent des immortels, rend-il bien *lætas*, qui peint la joie du chasseur ! *Lætas* est là pour *quibus gaudent venantes.*

A

fautif. Ce γαρ est particule , servant de développement au membre précédent, *qu'on ne s'étonne pas de ce que &c... car.* — Ὑστερον, η (ὡς om.), A. Je pense que l'on doit conserver cette particule, et traduire, avec Zeune : *Mortuus est posterius quàm ubi Achillem docuerat.*

6. Θεος ων, *étant dieu.* Brunk propose (*voy.* préf. des Mémor. de M. Schn.) Θεος ὡς, *comme s'il étoit un dieu.* Cette leçon, que M. Weiske qualifie de *intempestivè poetica et inepta lectio,* peut très-bien se défendre, puisqu'Esculape n'est pas un dieu ancien; qu'Hésiode ne le place point dans sa Théogonie; qu'Homère ne l'appelle que αμυμων ιητηρ, *le médecin accompli ;* et que Xénophon lui-même (*voyez* n.º 2 de ce chapitre) n'en parle que comme d'un simple mortel. Au reste, quoi qu'en dise M. Brunk, aucun des deux mss. ne donne la leçon Θεος ὡς que dit y avoir vue M. Brunk. *Voyez* le *specimen* du manusc. B. — *Ressusciter les morts :* τεθνεωτας, *ceux morts tout récemment.* L'aoriste, au lieu de ce parfait, n'auroit pas dit la même chose. *Voyez* ch. 10, 17.

7. Μελανιων. Le scholiaste d'Euripide, sur les Phœn., écrit de même Μελανιων : mais je trouve Μειλανιων dans mes deux manuscrits; et c'est ainsi qu'écrivent Musée et d'autres poëtes. Properce *(lib. I, 1, 9)* suit ces derniers, puisqu'il écrit *Milanion.* On sait que ει se prononçoit ι, et que souvent les Latins écrivoient les mots grecs comme ils se prononçoient. — Φιλοπονια, *par de constans efforts.* A porte φιλοπονιας, B φιλοπονια : je préfère la dernière leçon, comme plus conforme au génie de la langue. Ὑπερεχειν veut le nom de la personne au génitif, et à l'ablatif celui de la chose. Zeune cite un passage de Properce, qui rend la pensée de notre auteur : *Milanion, nullos fugiendo, Tulle, labores, sævitiam duræ contulit Iasides.* — Αεισι των τοτε γαμων]. L'édition d'Oxford met la virgule après των τοτε, et non après γαμων; ce qui donne un sens différent de celui que j'ai adopté. — *Atalante.* Il y a eu deux Atalante; l'une fille de Schœnée, roi de Scyros, l'autre de Jasius. Laquelle des deux épousa Mélanion! D'après l'autorité de Properce, du scholiaste

d'Euripide, et de Musée, Zeune se déclare pour la seconde opinion. *Voyez* Hyg. *fab. 99*, et M. Heyne, *Exc. 6;* Virg. *t. II, p. 357*, et Oppien, *Cyneg.* II, 26.

9. Αλκαθου, *d'Alcathoüs.* Dans в je lis Ελκαθου. S'il s'agit ici d'Alcathoüs, fils de Pélops (Ovid. A. A. *II, 421*), il faut, dit Zeune, écrire Αλκαθου, ou plutôt Αλκαθοου. *Voyez* Homère, *Il. XIII, 500.* — Il y a quatre Péribée. Homère (Od. *H. v. 58*) fait mention d'une Péribée, fille d'Eurymédon. La nôtre est fille d'Alcathoüs. *Voy.* Sophoc., Aj. Mastig. *576;* Pind., Isth. *VI, v. 65;* Apoll. *III, 25;* Diod. de Sic. *4;* Paus. *I, 17* et *42;* Plut., vie de Thés. et Parall. *27;* Hyg. *fab. 97;* Schol. d'Hom. *Il. XVI, v. 14.* — Πολεως της μεγιστης. Cette grande cité, selon Brodeau, c'est Athènes. Il s'agit de l'Élide, selon Fr. Portus.

10. Μελεαγρος. Voyez *Iliad. IX, v. 539* et suiv. — Τας μεν τιμας ας ελαβε, pour αι μεν τιμαι ας ελαβε Μελεαγρος φανεραι, sous-entendu εισιν; locution imitée par les Latins. Ainsi Tér., And. *act. I, sc. 1, v. 20, Quas credis esse has non sunt veræ nuptiæ:* ainsi Virg. Én. *liv. I, v. 573, Urbem quam statuo vestra est.* Zeune. — Επιλανθανομενου se lit dans les deux manuscrits, et me semble tout aussi bon que επιλαθομενου, préféré par Zeune, qui l'a trouvé en marge d'un exemplaire de l'édition d'Estienne, exemplaire qui avoit appartenu à un savant, et qu'il cite fréquemment. *Voyez* Homère, *Iliad. IX, v. 529.* — Εχθρους. Les ennemis communs sont Sciron et Procruste. Z.

11. Ce fut Hippolyte, dit Oppien, *II, 24,* qui enseigna le premier aux humains l'art de tendre les *arcus* et les filets tortueux. — Εν λοχοις αν. Brodeau dit que quelques mss. portent εν λοχοις συνων. Je le trouve aussi dans le ms. A, mais seulement en marge, et dans Estienne avec le signe critiq. ϰ. — Palamède est appelé σοφος, qui signifie ici, non *sage,* mais *habile.* On appeloit σοφοι, non-seulement les poëtes et les artistes distingués, mais encore les artisans, les matelots, les cultivateurs qui se distinguoient dans leur état. Xénophon, *l. III des Cyn.,* appelle σοφας, des chiens intelligens. *Voy.* M. Meiners, Hist. des Sc. dans la Grèce, *t. I, p. 295* et suiv.

Palamède méritoit bien le nom de σοφος : c'est à lui en effet qu'on attribue l'invention du dez à jouer qu'il consacra à Argos dans le temple de la Fortune (sur cet usage, *voyez* M. Meiners, *tom. I, pag. 53*), du jeu des astragales ou osselets, des lettres Z, Π, φ et X, des poids, des mesures. (*Voy.* Suidas, et Hyg. *fab.*) Ce fut aussi lui qui apprit aux Grecs l'art de ranger les troupes en bataille, de poser des sentinelles, et de leur donner ce que nous appelons la consigne et le mot du guet. Philost. Her. *chap. 10 ;* Phot. *epist. 142 ;* Pausan. *X, ch. 31 ;* Polyd. Virg. *liv. I, ch. 6 ;* Plin. *liv. VII, ch. 56 ;* Schol. Eurip. *in Phœn. ;* Servius *ad Virg.* Æn. *II, v. 90 ;* Hygin. *ch. 105* et *ch. 39, 40* de *Dædala ;* Martial, *l. XIII, epigr. 75 ;* Manilius, *l. IV, v. 205 ;* et Ovid. Met. *liv. VIII.* — τφ̔ ὦν. Quelques-uns entendent ὦν d'Ulysse seul, ce qui seroit par énallage. L'interprétation que j'ai adoptée me semble plus naturelle : ὁ μεν, ὁ δε s'entendent, je crois, l'un d'Agamemnon, l'autre d'Ulysse. Il appelle le premier, αγαθος : ὁμοιος αγαθοις, épithète du second, dit moins que αγαθος ; de même que ὁμοιος κακοις dit moins que κακος. *Voy.* Philoct. de Soph. *v. 1372.*

13. Ulysse. Selon Io. Saresb. Polycrat. *liv. I, ch. 4,* ce fut Ulysse qui inventa la chasse au vol. Z.

14. Του πατρος ὑπεραπολλυνων. Homère, dit Zeune, raconte bien qu'Antiloque, fils de Nestor, fut tué au siége de Troie par Memnon, fils de Tithon et de l'Aurore (*voy.* Il. IV, 188, *ib. 199,* et Od. III, 3) : mais qu'il soit mort pour son père, c'est ce que je ne vois ni dans Homère ni dans aucun autre écrivain. Assertion inexacte ; car Pindare, VI.ᵉ Pythique, loue Antiloque de cette tendresse filiale qui lui fit braver la mort pour son père, Αντιλοχος... ὁς ὑπερ εφθιτο πατρος. (*v. 28* et *seq.*) Le récit de Pindare ne s'accorde pas avec celui d'Homère (liv. VIII de l'Iliade), où nous voyons Nestor secouru, non par son fils Antiloque, mais par Diomède. Mais du moins est-il vrai que la tradition de Xénophon est appuyée d'une autorité, celle de Pindare, qui, parmi les différentes traditions sur un fait, semble toujours choisir la plus accréditée. Sur Antiloque et

autres personnages nommés dans ce premier chapitre, *voyez* les Φιλοϛρατου Ηϱωικα du savant M. Boissonade.

17. Ης οἱ μεν. Leçon de B, de Junte et autres anciens éditeurs. — Ὧν οἱ μεν, A et Ald.; leçon approuvée d'Estienne et de Leunclave. J'ai cru devoir préférer, avec Zeune, la première leçon, en construisant τοιουϊοι avec ὡϛε. Ceux qui lisent ὧν, le rapporteront à l'antécédent τοιουϊοι. — Ει τῳ]. A porte en marge ει τινι, qui sûrement n'est qu'une glose de τῳ. — Η πολει η βασιλει]. B porte η πολεις η βασιλεις, leçon très-intelligible.

CHAPITRE II.

1. Εκ τουϊων... εξ ὧν. Εξ ὧν doit se construire, non avec τα αλλα, mais avec εκ τουτων. Sur l'excellence de la chasse, qui étoit chez les anciens une véritable image de la guerre, *voyez* chapitre XII.

2. Τιμην εχοντα n'étant qu'une conjecture, j'ai cru devoir respecter la leçon τον μεν εχοντα, qui, loin de troubler le sens, ainsi que le prétend Zeune, me semble au contraire exquise. Xénophon donne le conseil de se livrer à la chasse et aux autres exercices : mais comme les riches seuls pouvoient suivre ce conseil en entier, il le restreint par ces mots, τον μεν εχοντα, leçon de mes deux manuscrits. — Αξιως της αὑτου ωφελειας. Αὑτου étant là pour ἑαυτου, je mets l'esprit rude. J'ai pendant quelques momens été tenté de lire αὐτων, sous-ent. παιδευματων, leçon approuvée de Zeune et de M. Weiske : mon respect pour mes deux manuscrits l'emporte. — Ω δε μη εϛιν, sous-entendu ουσια ικανη, Z.

3. Εφ' αυϊο, sous-ent. το επιτηδευμα των κυνηγεσιων, Z.

4. Χρη δε τον μεν αρκυωρον επιθυμουντα του εργου. Cette leçon de Brodeau, approuvée par Estienne et Leunclave, qui l'indiquent en marge, et par Zeune, qui l'a fait passer dans le texte, n'est point celle du ms. B, qui porte, χρη δε τον μεν αρκυων επιθυμουντα του εργου. (Au lieu de τον, le manusc. B porte των.) Zeune condamne la transposition du mot εργου, qui régit

αρχων. Mais combien d'autres hyperbates plus fortes dans les
poëtes et dans les prosateurs qui, tels que Xénophon, adoptent
fréquemment les formes poëtiques ! — Εἶναι]. En marge du
ms. A je lis, τον μεν αρχυωρον ειναι επιθυμουντα του εργου, και την
φωνην Ελληνα.

5. ὑφεισθωσαν]. B et Y donnent ὑφεισωσαν dans le texte. A porte
aussi ὑφεισωσαν dans le texte, et en marge γρ. θω. Telle est, quoi
qu'en dise Brunk, la leçon de A. Lequel des deux mots est ou
meilleur ou plus usité! ὑφεισθωσαν, je crois, si, comme le veut
l'usage (1), ὑφεισθωσαν est parfait impératif passif. Mais quel
sens donner à ὑφεισθωσαν! Leunclave traduit : *margines sive cir-*
cuitores plagarum enodes relinquantur, ut moveri facilè possint ; et
son édition n'offre de notes ni en marge, ni dans l'appendix,
ni dans le commentaire d'Æmil. Portus. Leonicenus : *plagas*
vero subjiciant enodes, ut labi facilè possint. Estienne, corrigeant
Leonic. : *his plagæ (seu margines) subjiciantur enodes, ut labi*
facilè possint. De ces trois versions la première donne à penser
que Leunc. a lu αφεισθωσαν d'αφιημι, *mitto, relinquo ;* la deuxième
me feroit soupçonner que Leonic. a lu ὑφεισωσαν par un τ, et
que probablement (2) il l'a jugé actif. Sur cet ὑφεισθωσαν nous
n'appellerons pas à notre secours Pollux *(V, 29)*, qui élude la
difficulté, ou qui du moins n'emploie pas le mot difficile.
M. Weiske, égaré par le témoignage de M. Brunk, au lieu

---

(1) L'usage veut que ὑφεισθωσαν soit impératif parfait passif; mais si
l'on consulte l'analogie, ne sera-t-on pas tenté d'appeler ὑφεισθωσαν
impératif présent passif !

Si l'on a dit ἰω, *mitto* (voy. Gram. Gr., 3.ᵉ éd. *p. 137*), on a dit
aussi ἐω, et par conséquent εἰμι, *mitto,* comme εἰμι, *sum.* Le présent
indicatif pass. d'εἰμι, *mitto,* s'il a existé, aura été εἰμαι, et son impératif présent passif, εἰσθω. Mais renonçons à cet impératif prés. passif;
tous les raisonnemens tirés de l'analogie doivent souvent céder à
l'usage.

(2) Ἐω donne à l'impératif, ἐισωσαν ; pourquoi ἰω n'auroit-il pas
donné εἰσωσαν ! Dans cette hypothèse de ὑφεισωσαν à l'actif, je traduirois, *qu'ils (ils,* c'est-à-dire les fabricans d'arcus) *adaptent aux arcus*
des péridromes sans nœuds.

de τους περιδρομους, donne οἱ περιδρομοι, qu'il juge nécessité par l'impératif passif. Mais, même en lisant ὑφειαθωσαν impératif passif, ne pourroit-on pas faire régir τους περιδρομους par κατα sous-entendu, et traduire, *que les arcs soient revêtus de péridromes sans nœuds !*

6. Τα δε ενοδια δωδεκαλινα. Notre auteur donne aux *arcus* neuf brins, douze aux *enodia.* N'auroit-il donc rien dit du nombre des brins qui doivent entrer dans la composition du *dictuon !* N'y a-t-il pas ici une lacune ! dit Jungermann : n'est-il pas très-probable qu'après δωδεκαλινα, Xénophon a écrit, τα δε δικ]υα ἐκκαιδεκαλινα ! Pollux offrant la même leçon, et l'ayant sans doute puisée dans un manuscrit de Xénophon, la conjecture de Jungermann me sembloit pour le moins ingénieuse. Disons à présent qu'elle offre la véritable leçon, puisqu'elle se trouve confirmée par le ms. A, qui la donne en marge avec le signe critique ϗ. *Voyez* le *Specimen.* — Των βρογχων το διασημα ι. τ. α. *La largeur des mailles sera celle des arcus,* c'est-à-dire de deux palestes. *Voyez, chap. 2,* Observations sur les *arcus, palestes,* &c.

7. Μαστους, περις... στροφ... *Voyez* ci-après ma Dissertation sur les filets.

9. Πεντασπιθαμοι. Dans mes deux manuscrits, πεντασπιθαμον; leçon qui rend probable la conjecture de Zeune, proposant πενſε σπιθαμων. — Στυλιδων. Est. et d'autres éditeurs proposent σχαλιδων, que A indique en marge ainsi que σαλικων. — Ἡσυχη. H et υ se prononçant ι, on conçoit pourquoi on lit ησιχη dans Junte, Ald., dans la première édition d'Estienne, et dans A. — Εν ἑκατερις, dont Viger nè parle pas dans ses idiotismes, n'indique-t-il pas que dans le sac on plaçoit, non pêle-mêle, mais séparément ou alternativement, un *arcus* et un *dictuon !* — Κυνουχος μοσχιος, *un sac de peau de veau.* Lorsqu'il s'agit d'un sac de peau de veau, pourquoi Xénophon se sert-il d'un mot dont l'étymologie indique un sac de peau de chien ! Dirons-nous que les anciens retenoient les premiers noms qu'ils donnoient aux choses, quoiqu'elles eussent changé ou de forme

ou de nature ? Cette réponse ne satisfera pas tous les esprits. Interrogeons Rivière.

Ce docte hébraïsant nous répondra (*voy.* son petit Lexique) que κυνεη est le mot oriental GNH, *couverture, abri, défense,* et, par extension, *chapeau, bonnet, casque,* et en général tout ce qui couvre, tout ce qui enferme. Quand cette couverture étoit de peau de bœuf, c'étoit κυνεη ταυρειη ; κυνεη αιγειη, quand elle étoit de peau de chèvre ; κυνεη χαλκηρης (*voy.* Iliad. *XXIII, v. 861*), quand elle étoit d'airain.

En admettant ce radical, κυνουχος μοχειος ne signifiera plus littéralement, *une bourse, un sac* ou *coffre de peau de chien, de veau ;* mais, ce qui est plus raisonnable, *sac* ou *coffre de peau de veau.*

CHAPITRE III.

Sur les Castorides et les Alopécides, *voy.* les Observ. littér.

3. Ατομοι, sous-entendu ειτιν, attribut de χρυποι, Z; ατομοι, *parvi oris,* comme αποδες, *minus firmi pedibus.* Voyez *V, 23.* — *Τον λαγω.* On dit λαγως, ου, et λαγως, ω, acc. λαγων ou λαγω. — Μυωποι δε και χαρωποι, sous-entendu οι, que l'auteur a omis, dit Zeune, par une heureuse négligence. — Σκληραι τα ειδη, sous-ent. κατα, *ceux à poil rude.* Pollux réprouve les chiens σκληροι τας αυχενας, *duri collum,* qu'il faut sans doute prendre dans le sens d'Horace, *ad tactum tractanti dura resistit.* Σκληραι τα ειδη s'expliquera comme ιχυραι τα ειδη du chapitre 14, n.° 2, que Pollux, *liv. V, ch. 62,* commente par φανουνται ιχυραι, *paroîtront forts,* ou *seront forts à la vue.* Χαλεπως απαλλατ]ουσι, *se tirent difficilement, se tirent mal de la chasse.* Cet idiotisme se rencontre souvent dans Thucydide, dans Hérodote, et dans tous les bons écrivains. Απαλλατ]ειν, dit Reiske dans son index de Démosthène, signifie *sortir bien ou mal d'une affaire.* Χειρον ημων απαλλαχασι, *246, 7.* — Αλλα του1ων και πολυ βελτιον απαλλα-χατε, *488, 15.* — Ποιειν δε αδυν... Ποιειν, B. — Σωμα]α]. Ομματα, A, et σωματα en marge. J'ai préféré le dernier, qui se trouve dans B et dans Pollux. —Αεινοι se trouvant dans les deux mss.,

et d'ailleurs αρινοι et αρινες étant tous deux usités, je pense, avec Zeune, qu'il faut rejeter αρινες d'Estienne. Xénophon, au paragraphe précédent et au chapitre 4, n.° 6, se sert de αρινες : ici αρινοι fera variété.

4. Αυτων κυνων]. Αυτων, qui manque dans les anciennes éditions, se trouve dans mes deux manuscrits. — Ιχνευουσιν]. Ιχναιευουσιν, A. — Ακρα δε τη ουρα σειουσιν], leçon des deux mss. Brodeau veut ακρα της ουρας. Leonicenus adopte la même leçon, que je vois en marge de A. Ακραν δε την ουραν σειουσιν, leçon proposée par Leunclave. — Ακρα δε τη ουρα σαινουσιν, Estienne. Cette version, *d'autres ne remuent point les oreilles, et se battent l'arrière-train avec la queue,* a été improuvée par un critique. A l'entendre j'ai été trompé par une confiance aveugle en Zeune, et j'ai, sur son autorité, laissé subsister une leçon dénuée de sens, ακρα δε τη ουρα σειουσιν, qui signifie, *se frappent les extrémités avec la queue.*

A la vérité je propose la même leçon que Zeune : mais ce savant parle d'après deux éditeurs; moi, d'après deux mss. Il est donc inexact de dire que j'ai été trompé par une *confiance aveugle* en Zeune. Ce n'est point sur son autorité, mais sur celle de deux manuscrits que je laisse subsister ma leçon.

« *Il est évident,* me dit-on, *qu'il faut lire, avec Estienne,* ακρα δε τη ουρα σαινουσιν. » Quoi! cela est évident, sans autorité de manuscrits! Que M. * relise donc H. Est. qu'il cite (1). Est. ne proscrit pas σειουσιν, il le croit suspect, *suspectum ;* et encore, dans la crainte de paroître audacieusement mutiler les textes, il adoucit le mot *suspectum ;* il l'accompagne de *fortasse,* expression inspirée par cette modestie qui rend l'érudition si aimable. Il est bon de remarquer que, dans sa 1.re édition (2), Est. n'avoit pas employé *fortasse :* il le place dans la seconde; il se reprochoit apparemment d'avoir appelé *suspectum* le mot σειουσιν. Comment donc M. * proscrit-il σειουσιν! comment rejette-t-il l'autorité des mss., et dit-il avec H. Estienne, qui

(1) *Pag. 76, lig. 8* de son édition de 1581.
(2) *Pag. 40* de ses notes. *Voyez* la 1.re édition.

n'en dit pas un mot : *Il est évident qu'il faut lire, avec H. Est.,* ακρα δε τη ουρα σαινουσιν !

J'aurois dû, me dit-on, adopter la leçon que j'ai trouvée en marge de A, ακραν δε την ουραν σαιουσιν. Ici encore M. * se trompe ; je l'invite à relire ma note. La voici avec la ponctuation rigoureusement suivie : « Brodeau veut ακρα της ουρας. Leonicenus adopte la même leçon, que je vois en marge du ms. A. » Eh bien ! ai-je donné ακραν δε την ουραν σαιουσιν, comme trouvée en marge de A ! Cette leçon, que me propose M. *, n'est d'aucun ms. ; elle est de Leunclave, quelquefois trop hardi dans ses conjectures. M. Weiske donne dans le texte, ακρα δε της ουρας. Les deux manuscrits portant ακρα δε τη ουρα, j'ai cru devoir adopter cette leçon, que fortifie d'ailleurs Xénophon, *ch. 4, 3,* où nous lisons, ταις ουραις δασαινουσαι, *frappant de leur queue,* leçon qui n'est pas contestée.

5. Σχασασαι την ουραν]. B porte χρυσαι την ουραν, leçon très-plausible. — Αισθησεις. *Ils dissipent le sentiment,* c'est-à-dire, *la trace qui se fait sentir ;* c'est conformément à cette interprétation que M. Weiske a dit : αισθησεις *metonym. pro* τα ιχνη αισθησιν παρεχοντα.

6. Εισι δε αι κυκλοις χρωμεναι και πλανοις]. *Il en est qui font mille circuits et détours.* — Υπολαμβανουσαι εκ του προσθεν τα ιχνη παραλειπουσι τον λαγω]. *Prennent les traces d'avant en arrière,* dit M. T. — M. Weiske traduit, *antevertunt leporem,* prenant υπο dans le sens de περι, ainsi que Gottleber (*voyez* Thucydide de Bauer, *l. I, 78*). Néanmoins, je crois devoir traduire : *Perdent le lièvre en revenant sur leurs premières traces.* — Οσακις δ' επιτρεχουσι τα ιχνη, εικαζουσι, *s'ils suivent ses traces, ce n'est que par conjecture.* — Περορμεναι δε τον λαγω, τρεμουσι]. M. Courier propose ηρεμουσι. « Ατρεμουσι *scripsi,* dit M. Weiske, *pro* τρεμουσι, *etsi hoc idem vitium expressit Pollux, V, 64.* » Pour moi, je conserve la leçon τρεμουσι, parce que Xénophon la donne, que les mss. nous la transmettent, et que Pollux la confirme ; et je traduis : τρεμουσι, *ils restent étonnés.* La leçon ατρεμουσι valût-elle mieux, devroit s'offrir dans une note, et non dans le texte, qui ne doit jamais donner des conjectures.

7. Σοφας]. Σοφος, en parlant d'un chien : ce mot n'a donc
pas toujours signifié *sage.* Voyez *ch. I, 10,* au mot Palamède.
Cette note et d'autres semblables s'adressent à nos jeunes hellénistes. — Ανειρχουσι Δορυβουσαι]. Ανειχρουσαι Δορυβουσαι, B. —
Ψευδη, sous-ent. ιχνη. — Το αιιο πιιουσι ταυταις, rappelle cette
locution latine, *idem facit occidenti.* Horat. — Τριμμων]. Κρυμ-
νων, A, et en marge, τςιμμων, que je préfère parce qu'il se lit
dans B et dans Pollux.

8. Ευναια. Δεσμαια]. *Voy.* les Observ. litt. — Μαλακιαν, d'où
probablement vient le mot françois *maladie,* signifie *défaut
d'ardeur, foiblesse, défaut d'appétit.* Ainsi dans Lucien (*voyez*
I.re partie de mon Cours élém.) μαλακως εχοντα, *étant malade.*

9. Κεκραγυιαι]. Κεκλαγ[υιαι en marge de A.

10. Εκκινουσι]. Εκκυνουσαι, A. Εκκυνουσι, *per vestigium se
interosculantur,* Leonic. — Zeune observe avec justesse, que
εκκυνουσιν παρα το ιχνος est la même chose que μεταθεουσι du même
paragraphe.

11. Εχουσι]. Εχουσαι, B. — Οιας δε δει]. Οιους δε δη ειναι, A,
et en marge οιας. Δη au lieu de δει, n'étonnera pas ceux qui
savent que ει et η se prononçoient de même, du moins à
l'époque où le manuscrit a été copié. — Οιους δε, et, après ce
mot, δη au-dessus de la ligne et de la même main.

CHAPITRE IV.

2. Εσονται ισχυραι τα ειδη]. Voy. *ch. 3, 3,* à la note σκληραι τα
ειδη. Fr. Portus construit ειδη avec ελαφραι, traduit par *specie
agiles,* et ajoute qu'il soupçonne une faute ; il voudroit lire, η
χαλαι τα ειδη, η τα ειδη συμμειροι.

3. Ιχνευετωσαν]. Ιχνευςωσαν, B. — Τας κεφαλας επι γην λεχριαι].
Tandis que les chiens françois chassent le nez et le balai haut,
les chiens anglois chassent le nez et la queue basse comme les
renards. *Maison Rust.* t. II, p. 529.

4. Των σωματων, A et B. H. Estienne, à qui ce pluriel paroît
un peu dur, propose σηματων ; mais σωματων n'est peut-être pas

plus insolite ici que τα σωματα du chap. VI, 16. — Σχηματων,
dans le manuscrit Taur. Σηματων plaît beaucoup à Vlitius, qui
rapproche ce mot de ασημως πορευονται du chap. III, 4. Pollux
n'a employé ni σωματων ni σηματων, mais ομματων, que Gesner
remplaceroit volontiers par σωματων. — Εμβλεμματων των. Au
lieu de των επι τας κ., Brodeau annonce un vieux manuscrit,
vetus exemplar, qui porte εις την υλην και αναστρεμματων των επι της
καθεδρας, ce que Zeune regarde comme une glose.

5. Μεταλιθετωσαν. Cette leçon de mes deux manuscrits, qui
d'ailleurs est celle des anciennes éditions, a été changée en
μεταθειτωσαν par Est., Wels, et Zeune lui-même; changement
très-gratuit, ce me semble. — Επαναλλαγλανουσαι. Ce mot, mal
traduit jusqu'ici, s'entend très-bien, dit Vlitius (Gratius,
v. 231), du chien qui, sans aboyer, fait entendre cependant
des sons entrecoupés, ce que l'on appelle glapissement, *qui
aliquo gannitu et fractæ quasi vocis elisione, gaudia sua testatur.*

6. Και ευτριχες]. Estienne, dans sa 2.ᵉ édit., ajoute ce και
ευτριχες. D'après Estienne, Leunclave l'indique en marge; mais
il fait une note où il veut ôter à son devancier le mérite d'une
restitution, qui, au reste, n'est justifiée par aucun de mes mss.
— Όταν η πνιγη]. On verra qu'ils ont de *l'ame,* si, dans les
grandes chaleurs, ils ne quittent point la chasse. Arrian, *XIV,
1,* veut qu'on les mène à la chasse pendant le printemps et
l'automne, mais rarement en été, parce que la chaleur pourroit
les étouffer. — Περσολιοις, *exposés au soleil;* car la chaleur
dissipe les atomes odorans dont leur trace étoit empreinte. —
Του αστρου εποντος, *pendant la canicule,* ou *lorsque le soleil est
dans toute sa force;* ce qui me paroît plus vrai. — Τη αυτη
ωρα, *dans le même temps,* c'est-à-dire lorsque le soleil est dans
toute sa force. Ωρα signifie la *beauté,* le *temps propre,* le *temps
convenable,* le *temps en général, l'époque,* la *saison,* le *printemps.*
— Ευποδες, qu'ils ont *bon pied,* si, dans la même saison, leurs
pieds ne se fendent pas... *Ob duritiem soli,* Z. — Ευτριχες, leur
poil sera *bon* s'ils l'ont fin, épais et mollet. Pollux, *V, 10,* et
Arrian, *VI, 1,* sont parfaitement d'accord avec Xénophon.

7. Τα δε χρωματα]. *Voy.* Obs. lit. — Μυριαιαις. *Voy.* Obs. lit.

9. Καθαρως. *Sine impedimentis quæ objiciuntur a vestigiis hominum,* Z. *Nullis dumis, nullo cœno impedientibus,* Fr. Portus. *Expeditè,* Leonicenus. *Absque impedimentis liquido,* Leunclave. Je traduis καθαρως par *sans obstacle.*

10. Εστι δε και ανευ του ευρισκειν τον λαγω, αγαθον]. *Outre l'avantage de trouver le lièvre, il est bon de conduire les chiens dans les endroits pleins d'asperités.* M. T. J'ai préféré de traduire : *Il est à propos de le (le chien) mener dans les endroits pleins d'asperités, quand bien même on n'y trouveroit pas le lièvre.* — Τραχεα. Avant ce mot, un renvoi en marge du ms. A. Εις, qu'on y propose, ne peut être qu'une scholie. Un lecteur peu exercé hésitera, non ici, mais dans quelques endroits, tels que, οσμας αγοντες της γης, sous-ent. εκ.

11. Αγαθωσιν. Sur le temps où il faut mener les chiens à la chasse, *voyez* Poll. *V, 6,* et Arrian, ci-dessus, au mot ευψυχοι.

CHAPITRE V.

1. Δια το μηκος, *ob longitudinem quâ fit ut altiùs imprimantur longè procedunt,* Br. — Οζει αυτων, pour η οσμη οζει απ' αυτων. *Voy.* Lamb. Bos, Ellip. *p. 250;* Denys d'Halic. Arch. *10, 2;* Andoc. de Lysias, au commencement, et ci-dessous, n.° 7.

2. Επαναφερομενα. Force des prépositions επι et ανα à remarquer. Επι, *à la suite de* cette action des rayons du soleil sur la glace, l'odeur de la trace, d'abord condensée, s'élève de terre, ανα, *jusqu'à* leurs narines qu'elle vient saisir. Voilà, je crois, le vrai sens de ces deux prépositions qui font image. — Πολλη δροσος], *une abondante rosée absorbe l'odeur de la trace.* Voyez *Maison Rust.* t. II, p. 585. — Οσμας αγοντες της γης, *odores humi afferentes,* Fr. Portus. *Eductis terræ odoribus,* Leunclave. Leonicenus a très-bien compris que γης étoit régi, non par οσμας, mais par la préposition εκ, *ex.* — Αλυπα dans mes deux mss.; αλυτα, ancienne édition. En traduisant *septentrionalis tempestas verò, si serena fuerit, contrahit ac servat,* Leonicenus ne rend

ni αλυπα ni αλυτα. Leunclave rend bien αλυπα par *si sæva non fuerit.* — Συνισησι. A porte συνοισησι; altération facile à expliquer pour qui sait que οι et ι se prononçoient de même.

4. Σεληνη. *Voyez* Observ. littér.

Pour prouver que les rayons de la lune n'ont point de chaleur, il suffit d'en réunir les rayons au foyer d'une lentille; un thermomètre, même très-sensible, porté à ce foyer, n'annonce aucun changement de température. — Χαιροντες. *Voy.* les Obs. littér. — Επαναρριπλουντες, composé de trois mots : επι, *par-dessus,* ανα, signifiant *de bas en haut,* ou *réitération,* et ριπλω, *jeter.* — Διαιρουσιν. Force de la préposition δια, qui change la signification du simple. *Voy.* Pollux, *V,* 67. — Αντιπαιζοντες : αντι exprime la rivalité. — Αλωπεκες. Sur les ruses du renard chassant le lièvre, *voy.* Ælien, Hist. des animaux, *XIII, 11.*

5. Το εαρ κεκραμενον τη ωρα. (Pollux, *V,* 49.) Que faut-il entendre par cette traduction littérale : *ver temperatum horâ!* Zeune ne l'apprend pas par cette scholie, τη κρασι του αερος. Fr. Portus traduit : *ver propter cœli temperiem;* Leonicenus et Leunclave, *ver propter anni temperiem.* Le savant Rivière dérive ce mot, selon sa coutume, de la langue orientale; et, suivant lui, il signifiera *beauté, heure* ou *révolution, heure* ou *temps* proprement favorable, *printemps, été,* enfin *chaleur;* acception qui convient à merveille au passage de Xénophon. *Voyez,* dans mes notes sur Thucyd. *II, 52, 1,* ωρα ετους, où ωρα signifie *chaleur* [fervor].

Ceux qui rejettent les racines orientales comme chimériques, adopteront le sens de Galien (*l. II* de Alun.) : « Ωραν appellant » *anni tempus in cujus medio caniculæ exortus contingit, quodque* » *est* XL *dierum. Hoc utique tempore fructus omnes quos* ωραιους » *vocant, proveniunt.* » Καλως se construira bien avec κεκραμενον. Leonicenus le rapporte à λαμπρα, et traduit, *valde;* Leunclave le construit de même avec λαμπρα, et traduit, *satis.* — Εξαν-θουσα. La préposition εξ peint très-bien les fleurs sortant du sein de la terre, dont elles sont la parure. — Λεπλα δε κ... *exigua.* La trace est en été *foible* et peu marquée, parce qu'alors la

terre embrasée supprime (το θερμον) les émanations déposées
par l'animal. Το θερμον, littéralement, signifie *le chaud, la
chaleur;* mais ce mot, pris à la lettre, n'offriroit qu'une idée
absurde : car la chaleur est bien la cause du développement
des émanations, mais diffère des émanations elles-mêmes. ——
Εχουσιν. Zeune reproche à Leonicenus de traduire *habet* comme
s'il avoit lu εχει. L'édition grecque de Bâle, *in-f.°,* porte *habet;*
mais dans celle *in-8.°,* qui est toute latine, je vois *habens;* ce
qui me porte à croire que Leonicenus n'a point fait de contre-
sens, qu'il avoit écrit *habent,* et qu'ensuite les imprimeurs ont
lu, l'un *habet,* et l'autre *habens,* qui est plus près de *habent,* ou
du moins qui contient le même nombre de lettres. —— Παραλυ-
πουσι]. Leonicenus, en traduisant, *ut fructuum odores non superent
quibus occupentur,* annonce qu'il a lu παραλειπουσι; faute provenant de ce que ει et υ se prononçoient de même. Si παρςλειπουσι
n'étoit pas intelligible, on pourroit proposer conjecturalement,
παραλειουσι, *attenuant, delent,* sous-entendu ιχνη. —— Εις ταυΊα,
sous-ent. ιχνη.

7. Των ευταιων η των δρομαιων. *Voyez* ch. 3, n.° 8, aux mots
ευταια, δρομαια, —— Τα μεν ευταια. Zeune lisoit, d'après Brodeau,
τα μεν γαρ ευταια. J'ai supprimé ce γαρ, parce qu'il ne se trouve
dans aucun de mes deux manuscrits, et que d'ailleurs sans γαρ
je trouve très-logique la phrase de Xénophon. La voici en
entier : « La trace du lièvre qui gîte, dure plus long-temps que
» celle du lièvre coureur (ou courant) lorsqu'il est lancé; le
» premier imprime ses pas sur sa route; le second va rapide-
» ment. La terre est *donc* comme battue par le premier; elle est
» à peine effleurée par le second. » En admettant ma leçon,
la phrase est ce que l'on appelle dans les écoles un enthymème,
dont l'antécédent ou la première partie est τα μεν ευταια, et
dont le conséquent et la conséquence sont η γη ουν. —— Πιμ-
πλαται. Brodeau propose πωλαται, qui n'est pas dans mes deux
mss. —— Οζει; littéralement, η οσμη απο των ιχνων και ευταιων και
δρομαιων οζει εν τοις υλωδεσι, μαλλον η εν τοις ψιλοις. *Voyez* ch. 5, 1.

8. Οτε δε, pour ενιοτε, *quelquefois. Voyez ch. 9, 8;* et *5, 20.*

— Διαρριπτων. Un singulier après κατακλινονται, pluriel. *Voyez*, n.° 6 de ce chapitre, πλανωμενοι précédé de το θηριον; et n.° 12 suivant: après le singulier Xénophon y met εχουσιν, énallage, figure familière aux écrivains amis des formes poëtiques. — Ὑπερεχον ἡ εμπεφυκος]. Propriété d'expressions à remarquer. Ὑπερεχον se dit de ce qui flotte sur l'eau, εμπεφυκος de ce qui croît dans la mer, près de ses bords.

9. Ευναιος, et plus bas, οἱ δρομαιοι. *Voyez* ch. 3, 8, au mot ευναια. Ευναιος, lièvre *qui gîte;* οἱ δρομαιοι, lièvres *coureurs* ou *courans. Qui currere solent*, Leonic. *Cursitantes*, Leunc. *Qui a canibus agitari solent*, Brodeau. — Ποιουμενος. D'après une conjecture de Leunclave, Wels corrige, mal-à-propos, ὁ ποιουμενος que donnent nos manuscrits. Ce participe, ainsi que l'observe Zeune, est pour ποιειται ou ποιουμενος εςι. Dans tous les écrivains, et très-fréquemment dans ce Traité, nous en trouvons des exemples. *Voyez* ma note (Dialog. des morts de Lucien, *dial. 9*, II.ᵉ part., et *dial. 26*, édit. d'Hemst.) sur ζων αει και απλαυων, que l'on a mal-à-propos corrigé par εζων αει, και απλαυον. — Παλισκιοις dans mes deux manuscrits: ancienne et bonne leçon, remplacée dans différentes éditions par πολυσκιοις. Zeune défend παλισκιοις, en disant qu'il a la force de επισκιοις, employé par Pollux, *V, 66.* Il auroit dû ajouter, pour l'apologie de ce mot, le παλινσκιον χωριον du même Pollux, *V, 108*, et la note de son commentateur, qui observe que παλιν a quelquefois la force augmentative. Il est inutile de remarquer que παλινσκιος est le même mot que παλισκιος, reconnu par Hésychius et par Homère (Hymn. à Merc. 6). — Δρομαιοι. *Voyez* ci-dessus, n.° 9.

10. Τα ὑποκωλια. Pollux *(l. l.)* semble prendre τα οπισθεν σκελη pour synonyme de ὑποκωλια. *Voyez* Observations littéraires, *chap. 4, n.° 1.* — Επ' ακρους τους π. την γενυν καταθεις]. Le lièvre dans cette attitude s'appelle, en blason, *lièvre posé.* Voy. Mais. rust. tom. *II, p. 583.* — Τα ὑγρα, sous-ent. μερη του σωματος; *de ses oreilles il couvre les parties molles du cou*, c'est-à-dire, *les parties postérieures du cou*, dit Brodeau. Après ωμοπλατας la phrase est finie; et dans celle qui suit, il n'est plus question d'oreilles.

d'oreilles. J'ai donc eu tort de suivre Brodeau. Traduisons : *Ensuite il couvre les parties molles de son corps*, sous-entendu , je crois , *par la manière dont il place son poil*, ou *par la manière dont il se place.*

11. Καὶ ὅταν. Lorsqu'il veille, *il cligne les paupières*, καταμυει τα βλεφαρα. C'est aussi le sentiment d'Oppien (Cynég. *III, 511, 512*), de Callimaque (Hymne à Diane, *vers 95*), et de tous les anciens, à l'exception de Pollux *(V , 72)*, qui s'exprime ainsi : Αλλ' ει μεν (au lieu de ει μεν, peut-être faut-il lire, avec Zeune, ει μη, ou mettre ου avant καθευδει, ce que propose Kühn) καλαμην τε και ρινας ακινητους εχη, καθευδει... — Αναπεπλαται]. Mais, pendant le sommeil, il les tient *ouvertes* et immobiles. De là, dans la langue des médecins, λαγωφθαλμος se dit de celui dont les paupières ne se joignent pas et ne garantissent pas l'œil. *Voyez* Cels. de la Méd. *VII, 7, 9*, et Foës. *Æcon.* Hipp. *h. v.;* Ælien, des Anim. *II, 12, XIII, 13;* Zeune.

12. Εχουσιν. *Voyez* n.° 8.

13. Μικρων λαγων. Ceux des lièvres qu'on appelle οἱ μοχαι (Pollux, *V, 74*), laissent une odeur forte. Cette phrase, οἱ δε μοχαι καλουμενοι των λαγωων, n'est pas comprise par Constantin. Consultez-le au mot μοχιδον; il vous dira que οἱ μοχαι λαγωων, signifie *lepusculi,* parce qu'apparemment il a lu précipitamment Pollux, et n'a pas vu que λαγωων étoit régi par οἱ δε, *ceux des* lièvres. Mais quelle est la signification primitive de μοχας ou μοχς! Si nous en croyons le docte Rivière , ce mot, que je trouve non dans le grand mais dans le petit Lexique, dérive de racines orientales qui signifient *germant, poussant;* par extension, *neuf, jeune, rejeton*, et, par une seconde extension, *veau,* ou *jeune bœuf*, ou *génisse.* Μοχον, *petit veau,* ou *agneau nouveau-né, petit rejeton.* Μοχευειν, *provigner, marcotter;* μοχοισι λυγοισι, de *jeunes branches d'osier,* dans Homère, Iliad. *ch. 2, v. 105.*

14. Τῃ θεῳ. «Suivant le conseil de celui dont je porte le » nom, dit Arrian, *ch. 22*, on ne lâchera pas les chiens après

B

» un levreau nouveau-né ; on le mettra en liberté en l'honneur
» de Diane. »

15. Λαμϐανειν δε. Après δε, Wels met δει, qu'Est. et Leunc.
indiquent en marge. Il falloit se contenter d'observer, avec
Brodeau, l'ellipse de δει, figure très-ordinaire. Δει ou χϱη doit
se sous-entendre de même avec αναϐοαν de ce paragr. — Όσοι
δε μη ερχονται αυℐων]. Αυℐων, régi par όσοι, *ceux d'entre eux qui &c.*
— Ναπας, de ναπη, ης, signifiant, 1.° *lieu couvert de bois, un bois,
une forêt*; 2.° *lieu humide, aquatique, vallée.* Voy. Œd. T. *1398*,
Brunk, et *1411*, Vauv. κεκρυμμενη ναπη, *abdita convallis*; voyez
le schol. *ibid.* sur ce passage ; *voy.* aussi Hellén. de Xénophon,
V, 4, 44; Pind. de M. Heyne, Pyth. *V, 51*; 3.° *hauteur, lieu
élevé, tertre, colline.* Selon ses différentes significations, sa racine
orientale est différente. *Voy.* le petit Lexique de Rivière. Dans
une inscription de Spon, ιεϱα ναπη se dit d'un bois sacré où se
trouvoient réunis les temples de Cérès, de Proserpine et de
Bacchus.

On dit ou ναπος, εος, το, ou ναπη, ης, comme au chap. IX,
n.° 11. L'adjectif est ναπαιος, α, ον. Sophocle, dans son Œd. T.
1026, ευϱων ναπαιαις εν Κιθαιϱωνος πℓυχαις, *inventum nemorosis
Cithæronis in recessibus.* M. Brunk, qui traduit ναπαιαις, *nemorosis*, prend ci-dessus ναπη dans le sens de *vallis*. — Γνωειζωσιν.
Leonicenus traduit, *significent :* avant que le chien indique la
trace, il faut qu'il la connoisse. Il seroit peut-être mieux de traduire, *ne canes vestigia ægrè agnoscant.* Au reste, γνωειζω se prend
tantôt dans l'un et tantôt dans l'autre sens. Au chap. IV, 31,
voyez γνωριζουσαι.

16. Εισειλουσι]. Brodeau propose εις ειλους. Cette leçon, que
ce savant ne présente que comme conjecture, se trouve indiquée dans A, qui donne εις ειλους. — Τα σιμα]. Leonicenus
traduit, *edita*, lieux élevés, ce qui est inexact. Σιμα doit s'entendre non des montagnes en général, mais de la partie de la
montagne qui va en pente. Voici, je crois, la pensée de notre
auteur ; il a voulu dire que le lièvre, sur-tout lorsqu'il n'a qu'un
an, se prend facilement, et dans les lieux nus, ψιλα, parce que

rien ne le cache, et dans les lieux qui vont en pente, τα σιμα, parce qu'en effet il a moins d'avantage en descendant que lorsqu'il monte. *Voy.* ch. V, 5, σιμας dans le même sens.

17. Οἱ ορειοι. « Les lièvres *de montagnes* sont très-rapides dans » leur course, parce que, dit Zeune, vivant dans un air plus » pur, leurs corps se fortifient. Les lièvres *les plus forts,* κρατιστοι, » dit Arrian, *chap. XVII, 1,* sont ceux qui habitent les lieux » découverts et en pleine campagne. » Le traducteur d'Arrian traduit κρατιστοι par *les meilleurs de tous les lièvres ;* ce qui rend sa phrase très-peu logique. « Les meilleurs de tous les lièvres, » dit-il, sont ceux qui ont leur gîte dans des lieux découverts ; » *car* ils semblent défier les chiens. » On conçoit qu'ils défient les chiens, non parce qu'ils sont meilleurs, mais parce qu'ils sont *très-forts,* κρατιστοι, mot bien souvent mal interprété. La particule γαρ, et sur-tout le ποδωκεςατοι de Xénophon, eût dû le conduire au véritable sens. Les lièvres des montagnes et des lieux secs sont les meilleurs, dit la Maison rust. *t. II, v. 583.* — Πλανηται. *Voyez* ci-dessus, n.° 9, au mot ευναιος. — Θεουσι γαρ μαλιςα μ. τ. α. κ. τ. ὁ. Leonicenus traduit, *currunt per adversa vel plana maximè ;* et Leunclave, *maximè currunt per acclivia vel plana.* Μαλιςα se prenant souvent pour le comparatif (*voyez* Viger, *Idiot.*), je regardois d'abord la traduction de Leunclave comme fautive, parce que le lièvre, à raison de sa structure, a plus d'avantage en montant que dans les plaines : je l'ai ensuite adoptée en réfléchissant sur l'ensemble de cette phrase. Sur des terrains inégaux, le lièvre court inégalement ; en descendant, il court moins bien ; il court, μαλιςα, *avec avantage,* soit *en montant,* soit dans les lieux unis. — Αναντη, lieux qui vont *en montant ;* κατ αντη, lieux qui vont *en descendant.*

18. Εισι καταδηλοι μαλιςα μεν δια γης κεκινημενης, εαν εχωσιν ενιοι ερυθημα. *Ceux d'entre eux que l'on poursuit dans une terre fraîchement remuée, se reconnoissent sur-tout s'ils ont le poil rouge.* Voyez *Observat. littér.* Dans ma traduction, n'ayant pas l'autorité des manuscrits, j'ai suivi la leçon ordinaire. — Φελλα. Le même sans doute que φελλις, qu'Hésychius interprète par

un lieu aride et pierreux. Selon le scholiaste d'Aristophane, *f.° 271*, dans l'Attique on appeloit φελλεις des terrains pierreux qui n'ont à leur surface qu'une terre légère. Un commentateur de Pollux *(l. I, ch. 109)* cite, au mot φελλον, Hésychius, qui explique φελλον par *écorce d'arbre* et *bois léger.*

19. Εφισαντω]. Sur ce mot *voyez* V, 7. — Ανακαθιζοντες, mot qui fait image et que j'avois omis dans ma traduction (1.ʳᵉ éd.).

20. Ότε δε. *Voy.* n.° 8. — Παρα τα αυλα. Voici la construction de ce passage : απορουσι παρα τα αυλα (sous-ent. ιχνη) δια των αυτων. — Επαλλατ]ειν (de επι et de αλλος, *autre*) se prend tantôt activement et tantôt passivement, comme *variare, alternare,* chez les Latins : ici il se prend activement, et signifie, être alternativement d'une manière et d'une autre, varier, n'être point égal ; επαλλατ]ειν αλματα, varier ses sauts. Voilà le verbe pris activement. Il se prend passivement dans επαλλασσοντες οδοντες, *dents inégales,* dont l'une est alternativement plus longue et l'autre plus courte. (*Voyez* chap. IX, n.° 12, εναλλαξ.) — Αποφαινοντες ταραχωδη τα ιχνη de Pollux, explique très-bien εμποιουντες ιχνεσιν ιχνη. — Συγκωλα. *Exiguo intervallo disjunctæ.* Gesner.

22. *Voyez* les n.ᵒˢ 22 et 23, dans la dissertation sur le lièvre.

24. Το δε πληθος πλειους. On trouve les plus petits lièvres dans la plupart des îles, soit désertes, soit habitées, et en plus grande quantité que dans les continens. « Ithaque, dit Pollux, » *XII, 75*, est la seule île où le lièvre ne vive pas, témoin » Aristote. » *Voyez* Pline, Hist. natur. *VIII, 54.* — Αετοι. *Voyez* Hérodote, *liv. III.*

25. Εις τας ιερας. On ne laisse aucun chien pénétrer *dans les* îles *sacrées.* Strabon *(liv. X)* fait cette observation pour l'île de Délos seulement. Thucydide (*voyez* mes notes sur Thucydide, *II, 52, 3,* et *III, 104, 1*) dit que, lors de la purification de l'île de Délos toute entière, on enleva tous les cercueils qui s'y trouvoient ; et il fut ordonné qu'à l'avenir il ne mourroit ni ne

naîtroit personne dans l'île, mais qu'on transporteroit à Rhénée les mourans et les femmes voisines de leur terme. *Voyez* le Cal. de Spanh., Hymn. Del. *v. 1;* et Diod. *l. XIII.* —— Εκθνεσκυνται. Avant Cast. on lisoit εκθνεσκιῖε, que je lis dans A, faute provenaint de l'uniformité de prononciation dans αι et ε.

26. Τα ομματα εχει εξω]. *Il a les yeux saillans, ses paupières courtes n'opposent point d'obstacle aux rayons du soleil,* ομματα ουκ εχοντα προβολην, *ce qui lui donne une vue terne, et embrassant trop d'objets à-la-fois.* Les images de trop d'objets entrant à-la-fois, il ne voit rien distinctement. Seroit-ce là l'idée du mot εσκεδασμενη, *diffusa,* selon Leonic., ou *dissipata,* selon Leunc.? ou bien par εσκεδασμενη, *dispersée,* entend-il que les rayons visuels ne forment pas de faisceau? Sur cette phrase, dont le sens m'a embarrassé, voilà mes conjectures.

27. Ταχυ γαρ εκαστου παραφερει την οψιν, πριν νοησαι ὁ τι εστιν]. Avant de distinguer un objet, il se hâte de le considérer en tout sens. Voilà peut-être ce que signifie ce passage diversement interprété.

29. Αγαπων. *Voyez* Ælien, Anim. *XIII, 13;* Buff., *t. VII, in-12, p. 113.* —— Αν ὁμοιον]. Ανομοιον, B. —— Περς αρμον à la place de ce mot, δρομον, A. La leçon αρμον est justifiée par συνηρμοσμενον du n.° 31.

30. Ce numéro tout entier se trouve dans la description du lièvre. *Voyez* Observat. *ch. V, 30.*

31. Ὑπερελαφρον]. Ὑπελαφρον, Pollux; leçon vicieuse, Z. —— Πηδα. *Voyez* Pollux, *l. l.* —— Τουτο το εν χροι]. A donne aussi cette leçon. Brodeau lit εν χροι, et traduit, *manifestus autem est hujus bestiæ color.* Leonicenus, *nam quod ad colorem attinet in promptu est.* Τουτο εν χεια *(manifestò patet hoc in necessitate),* Leunclave. Cette correction marginale de Leunc. est inutile, puisque εν χροι ou εν χρω ειναι se dit d'un danger imminent. Εν χρω ου εν χρωι, *sur la peau, jusqu'au vif, jusqu'à la peau, tout près de, corps à corps; de là être en danger.* Το εν χροι pour το ον εν χροι.

B 3

32. L'abréviation ἤ signifie ἤγουν, ce qu'ont ignoré les savans les plus exercés dans la lecture des manuscrits. M. de Villoison l'a lue οἶον ; mais il n'y a dans ἤ ni esprit rude ni οι. Voyez ses *Prolegomena in Apollonii Soph. Lex. Gr.* p. lxix, où il cite ce passage du Lexique ms. de Philemon (n.° 2616, *fol. 28 verso*) : « Σίναπυ· οὐδεὶς τῶν Ἀτλικῶν ἔφη, οὐ μὴν οὐδὲ τὸ σίνηπι, » ὃ λέγεται οὕτω, ἐπειδὴ σύρεται (c'est ainsi que M. de Villoison a » lu ce mot; je crois que le copiste a voulu écrire σίνεται), φησὶν » ὁ Δειπνοσοφιςὴς (*liv. IX, chap. 2, tom. III, pag. 353*, édit. de » M. Schweighaeuser), τὰς ὧπας ἐν τῇ ὀδμῇ, καθὰ καὶ κρόμμυον, » δι' οὗ τὰς κόρας μύομεν. Ὅτι δὲ ἐκ τοῦ σίνηπι ἐςι καὶ ῥῆμα κωμικὸν » σιναπῶ (1), οἷον τὸ θυγάτριόν μου σεσινάπηκε διὰ τῆς ξένης, οἷον » (le manuscrit porte ἤ, c'est-à-dire ἤγουν) ἐδριμύξατο, ὁ αὐτὸς » ῥήτωρ δηλοῖ. »

Apollon. *Lex. pag. 852*, M. de Villoison cite le même Philemon (*f.° 50 rect.*) : « Χειά..... ἀπὸ τοῦ χῶ χείω τὸ χωρῶ, ὡς τό. (*Odyss. Σ, 17.*)

» Οὐδὸς δ' ἀμφοτέρους ὅδε χείσεται, - οἷον (le ms. ἤ, lisez ἤγουν) χωρήσει. »

Ibid. p. 879, *Philemon* (fol. 55 vers.) : « Ὥρ... γίνεται ἐκ τοῦ » ἀείρω, τὸ ὁμοῦ αἴρω (le ms. porte εἴρω, dont il ne falloit pas » s'écarter) καὶ συζευγνύω. Ὡς τὸ, σὺν δ' ἤειρεν (*Iliad. K, 499*) οἷον » (*lisez*, d'après le ms., ἤγουν) συνέζευξεν. »

On lit, dans le traité anonyme *de incredibilibus* (Gale *Opuscula mythol. phys. et ethica*, p. 94), le passage suivant : Ὅτι τὸ ἀκατάπαυςον πῦρ, ὃ ἀνῆπτεν ἀπὸ τῶν ὅπλων τοῦ Διομήδους, ἐπὶ Φωσφόρου παραδίδοται ἡ Ἀθηνᾶ, καὶ χορηγός ἐςι νοῦ, καὶ φρονήσεως ἀληθοῦς, ἀνῆψε τῇ Διομήδους ψυχῇ φῶς, καὶ τὴν ἀχλὺν ἀφείλετο, ἢ ὡς τὴν ἀγνωσίαν, ἧς παρούσης οὐχ ὁρᾷ ψυχή. J'avois toujours pensé qu'au lieu de ἢ ὡς, il falloit lire ἤγουν : en effet, lorsque j'ai consulté le manuscrit du Vatican n.° 305, d'après lequel Leo Allatius (*Excerpta varia Græcor. sophistar. ac rhetor.* p. 42) a donné le

---

(1) Notez le verbe σιναπῶ, que les lexicogr. ne reconnoissent pas. Je l'ai retrouvé dans Palladius, *Hist. Laus.* p. 96, édit. de Meurs., ἐγὼ πολλάκις τὴν ῥῖνα αὐτῆς ἐσινάπησα.

premier ce morceau, je me suis persuadé qu'il avoit mal lu l'abréviation ἤ, qui ne signifie ni ἤως ni ἢ ὡς, mais ἤγουν. Comme il a fait encore d'autres fautes en copiant ce passage, il ne sera pas hors de propos de transcrire ici les corrections puisées dans le ms. : ἐπὶ τὸ ἀκατάπαυσον πῦρ, ὃ ἀνῆπῖεν ἀπὸ τῶν ὅπλων τοῦ Διομήδους· ἐπεὶ Φωσφόρος παραδίδοται ἡ Ἀθηνᾶ, καὶ χορηγός ἐστι νοῦ καὶ φρονήσεως ἀληθοῦς, ἀνῆψε τῇ Διομήδους ψυχῇ φῶς, καὶ τὴν ἀχλὺν ἀφείλατο, ἤγουν τὴν ἀγνωσίαν, ἧς παρούσης οὐχ ὁρᾷ ψυχή.

Libanius, *tom. I, p. 916, D*, ed. Morell. *(vol. IV, p. 745, Reisk.)*, αὐτὸς ἐμαυῖῷ τὴν μητρυιὰν ἐπισήγαγον. La marge offre cette scholie : ἤως, τὸ *(l. τῷ)* βιάσασθαί με τὸν πατέρα μητρυιὰν ἐπαγαγεῖν μοι. Tout le monde voit qu'au lieu de ἤως il faut lire ἤγουν.

J'observerai encore qu'il ne faut pas confondre ἤ avec ἤ ou ἤ, qui signifie ἤτοι. C'est à M. Bast que je dois cette note toute entière. — Fischer *(Animadv. ad Well.* I.ʳᵉ part. pag. 235) n'ayant que très-imparfaitement représenté la figure ἤ, je l'ai fait graver pour l'instruction des amateurs de la palæographie.

33. Οὕτω ἐπιχαρι. C'est un animal si *agréable*, qu'il n'est personne qui, en le voyant suivi à la piste, découvert, poursuivi, atteint, n'oublie tout autre objet qui pourroit charmer ses yeux. Aldrovande fait ainsi allusion à ce passage : *Lepus animal est, sive investigetur, sive inveniatur, sive currat, sive capiatur, adeò gratiosum, ut illius venatio multorum animos semper mirum in modum exhilaret. Inter quadrupedes gloria prima lepus*, dit Martial. Arrian *(ch. XVII)* pense tout autrement.

34. Ἀπέχεσθαι, sous-ent. χρή. — Ἵνα μὴ τῷ νομῷ ἐναντίοι ὦσιν. Il y a deux manières d'expliquer ce passage. Si l'on sous-ent., avec Zeune, φυλακτέον, on traduira ainsi : *Il faut prendre garde d'enfreindre les lois de la chasse ; s'il arrive qu'on ne découvre point de gibier, on pliera bagage.* Mais est-ce bien là le vrai sens de l'auteur ! Leonicenus en propose un qui me paroît ingénieux : *Quin etiam si feræ in ea præcipitent, id qui viderint, ne legis prævaricatores sint, universam venationem solvere oportet.* — Ἀναχρεια, ας (de α privatif et de αχρα, *chasse*), *l'absence de la chasse, mauvaise chasse* : Leonicenus a probablement lu, non

αναγεια, mais τα αγρια (sous-ent. θηρια), ou quelque chose de semblable. Au lieu de αναγρια, qui se trouve dans toutes les anciennes éditions, dans mes deux mss., et que H. Est. entend de l'époque où la chasse est défendue, ne seroit-il pas mieux de lire, ευαγρια, *bonne chasse, chasse heureuse!* et alors on traduiroit ainsi littéralement: *Causer du dégât dans les terres labourées, troubler les fontaines et les courans d'eau, est une action peu honnête et injuste; et afin que les chasseurs qui y verront les lièvres poursuivis par les chiens, n'enfreignent pas les lois de la chasse, même quand il y auroit bonne chasse* (και όταν ευαγρια εμπιπίη, *etiamsi felix venatio inciderit*), *il faut plier bagage.*

Il me vient encore une autre idée. Au lieu de αναγεια, Xénophon n'auroit-il pas dit άμαγρια (de άμα et de αγρα), *chasse abondante!* ce.qui donneroit ce sens: *Même, s'il y a bonne chasse, à la vue d'un dégât commis sur les propriétés d'autrui, que le chasseur contienne sa joie, qu'il ajourne ses plaisirs, qu'il plie bagage.* Si je lis αναγρια, je n'ai plus qu'une idée triviale. Cependant, comme je n'ai encore pour moi ni le suffrage des érudits ni l'autorité des manuscrits, je laisse dans le texte αναγεια, au lieu duquel Xénophon a peut-être donné όταν αγεια. Alors la première syllabe d'αναγρια seroit une répétition de la dernière de όταν. Αναγρια, dit M. Weiske, *festa, puto, quibus venari non licet.* — Αναλυειν χρη τα περι κυνηγεσιον παντα]. M. T. traduit littér. et bien: *il faut dissoudre votre équipage de chasse.*

CHAPITRE VI.

1. Τα μεν θεραια. *Voyez* Pollux, *V, 55.* — Ίμαντες, *laisses* (Poll. *l. l.*), de ίμας (primitif ίμαντς) ίμαντος. Ainsi chez les Latins, *gigas, gigantis,* au lieu de *gigants, gigantis.* On tenoit ces laisses à la main par le moyen de crochets dits αγκυλαι, de αγκυλη, ης, qui signifie *courroie* servant à retirer un dard lancé, *courroie* à attacher le soulier, *courbure* du bras ou du coude, *difficulté* de parler, sorte de *vase arrondi.* — Σπλμονιαι (Poll. *liv. I*). Les *courroies* ou *longes latérales* étoient deux larges cuirs qui se plaçoient depuis la poitrine du chien, le long des côtes, jusqu'au derrière, où elles étoient arrêtées à des nœuds; à cette

partie postérieure, on les garnissoit de pointes de fer. Si l'animal étoit femelle et en chaleur, on empêchoit par-là les chiens
de mauvaise race de la couvrir. Au lieu de ςελμονιαι, A porte
ςιλμονιαι, et en marge τελαμωνια, qui n'est probablement qu'une
glose tirée de Pollux. — Εγκεντρισες. *Voyez* Pollux, *l. l.*

3. Δια τριτης ήμερας, *tous les trois jours.* Τριτη ήμερα, *le troisième jour.*

4. Οι οψιζομενοι. A porte οψοιζομενοι. Οι et ι se prononçant de
même, cette faute se conçoit : mais comment Brodeau, dans
ses notes, a-t-il conservé cet οψοιζομενοι des anciennes éditions?
— Πασαν ώραν, *Quovis anni tempore,* Leunclave. *Quæ singulis
horis evanescit,* Leonicenus. Je crois que les deux interprètes
se trompent.

5. Επι θηρα]. Επι θηραν, A ; επι θηρας, B. Je préfère, avec
Zeune, επι θηρα des anciennes éditions. Επι avec le datif est
plus exquis et rare. Xénophon nous en fournit des exemples.
Dans le traité περι Προσοδων, *III, 4,* on lit επι ξενια καλεισθαι,
locution qui se trouve dans Æsch. *de Leg. fals. p. 223,* où
Reiske corrige επι ξενια. Αγεσθαι επι θανατω, Anab. *I, 7, 10; V,
7, 19.* Επι θανατω, très-commun dans Lucien. — Αμφι δρομους].
Αμφιδρομους, τραχειας, &c. Οδους manque dans mes deux mss.
— Αμφιδρομους d'un seul mot dans A et dans les anciennes édit.
Leonicenus, qui traduit *retibus divortia claudat,* lisoit sans doute
αμφι διοδους, qui se trouve dans le paragr. suivant, et chap. IX,
§. 11. Leunclave veut qu'on lise αμφι δρυμων οδους; conjecture
assez plausible. De οδους les deux premières lettres ont pu
s'effacer avec le temps ; on aura alors fait un seul mot des
deux, et lu δρομους au lieu de δρομων οδους. Quelques-uns lisent
simplement αμφι οδους. — Σιμας, *les terrains inclinés en pente.*
Voy. σιμα, *ch. V, n.° 16.*

6. Εις απειρον. Au lieu de εις, Zeune propose επι. Je crois
qu'il ne faut rien changer au texte. Voici l'explication que je
soumets au jugement des érudits: *C'est dans ces endroits sur-
tout qu'il fuit,* εις ταυτα μαλιςα; *et dans combien d'autres encore il*

se réfugie, ὁσα δε αλλα εις, *c'est ce qu'il seroit trop long de détailler.* Après φευγει je mettrois le point en haut, et je ferois régir ὁσα αλλα par εις. Au reste, en proposant cette interprétation, observons aux jeunes hellénistes que εις απειρον est grec, et peut se prendre adverbialement. Ainsi εις δεον, *à propos,* εις μακραν, sous-ent. ὁδον, *loin,* &c. *Voyez* Viger, *pag. 535.* Leonicenus traduit : *Nam omnia dicere infinitum esset diverticula;* et Zeune en conclut que Léonicenus a lu ειη : conclusion inexacte selon moi ; il a très-bien pu, sans le lire, sous-entendre ειη. — Τουτων. Ce mot s'entend des lieux dont on vient de parler, et où l'on tend les *arcus.* — Παρεδους régi par ισταω, que sous-entendent Brodeau et Zeune. — Διοδος, que je rends par *traversées,* peut quelquefois signifier *bivoie.* Leunclave, induit en erreur par la version de Leonicenus, propose de remplacer τουτων par ποιειω. *Voyez* Pollux, *l. l.* — Εις ορθρον και μη περι, *au point du jour, et non auparavant.* Quoi qu'en disent les lexicographes, ορθρος et περι ne sont point synonymes : on en trouve la preuve ici et dans Ammonius, qui cite deux passages moins forts que le nôtre. Le conseil de Xénophon est fondé sur ce que le lièvre rôde la nuit, et dort au point du jour. Dans le chapitre précédent, nous l'avons vu jouer la nuit au clair de la lune. *Voyez* ch. IX, n.° 17. — Αρκυστασιον, ου, ou αρκυστασια ; l'action de tendre des filets, ou le lieu même où ils se tendent. — Πλησιον των ζητησιμων, *prope ea loca ubi investigandæ sunt feræ,* près des lieux où il faut quêter la bête. Le sens de τα ζητησιμα est facile à trouver ; est-ce pour cela qu'aucun lexique ne l'indique ? — Περι. *Voyez* ci-dessus. — Καθαρας, *pur,* c'est-à-dire, *nettoyé, débarrassé, déblayé.* C'est dans le même sens que Pindare a dit (Olymp. *VI, 39*), κελευθω εν καθαρα. — Ποιουμενος. Zeune reproche à Estienne de tourmenter le texte, parce qu'il propose ποιουμενους. Mais ce mot se trouve en marge du manuscrit avec le signe critique γρ.

7. Ἱνα, *afin que, ou.* Je prends ce mot *in sensu* τοπικω, en remarquant, d'après Zeune, que ἱνα, dans ce sens, se construit avec le conjonctif. Ainsi dans Homère, ἱνα περ σε και αυτον ὁμοιι

γαια κεκευθη ; ainsi dans Aristophane (Plut. *1152*), Πατρις γαρ εςι πασ' ινα αν πρατ]η τις ευ. — Πηχνυειν : après ce mot, je lis δει dans A, mais sans le signe γρ., ce qui annonce une simple scholie. — Ακρας, sous-entendu γαλιδας. — Κεκρυφαλον (selon des lexicographes, de κρυπ]ω, *cacher*, parfait actif κεκρυφα), *réseau à contenir les cheveux.* Ce réseau (en latin, *reticulum*, d'où probablement, par le changement du *t* en *d*, vient notre *ridicule*, parure des dames), que portent encore à présent les femmes de l'Archipel, s'appeloit aussi αμπυξ (*voyez* Théocr. *Id. I* ; Pind. *Olymp. VII, 118*), *sac* ou *second ventre* des animaux, dans Aristote. Ici le mot signifie bourse du filet, que Pollux appelle αρκυος κοιλοτης. — Ὑπερεμβαλλεθαι. *Ne nimiùm te expleas ferarum investigatione*, ne soyez pas insatiable à la poursuite de l'animal, Fr. Portus ; explication forcée. Leunclave voudroit ὑπερβαλλεθαι, *moram interponere.* Zeune, en considération de εν joint à ταις ιχνειαις, se déclare, avec raison, pour ὑπερεμβαλλεθαι. — Εςι γαρ θηραπτικον μεν, φιλοπονον δε... *c'est d'un chasseur, et d'un chasseur ami du travail.* Voilà le sens que je préfère, en interprétant ὑπερεμβαλλεθαι, *perdre le temps, retarder ;* mais, en adoptant l'acception de Fr. Portus, je traduirois ainsi littéralement : *à la quête du gibier ne soyez point insatiable ; s'il est d'un bon chasseur de prendre le gibier promptement et par toute sorte de moyens, la tâche est aussi trop pénible.* Δε alors seroit particule adversative. Vlitius (note du vers 249 de Gratius) cite ce passage, mais sans l'expliquer.

8. Εν απεδοις. Leunclave corrige mal-à-propos επιπεδοις. Thucydide, *p. 499, 705 ;* Hérodote, *I, 110 ;* Pollux, *I, 186,* prennent απεδον dans le sens de ισοπεδον, ὁμαλον (voyez *ch. 10, n.° 9*). Απεδον quelquefois a le sens de *arduum* des Latins, *élevé, escarpé.*

9. Sur ce numéro, *voyez* les Observ. littéraires.

10. Στοιχος η αρκυς]. Αρκυς désigne une sorte de *filet :* ςοιχος, dans le sens propre, dit plus, et signifie l'*alignement* des toiles et des filets ; quelquefois simplement il signifie, non l'alignement des filets, mais le *filet.* — Ανιςατω, *qu'il redresse ;* ιςατω,

qu'il dresse. Voyez n.° 6 de ce chapitre, au mot τουλων. — Η ου κατειδε. Au lieu de ου, Estienne lit ὁ, *aut quidquid sit illud quod viderit;* Leunclave lit ὁπ. Je crois, avec Zeune, qu'il faut lire, ου, *ubi,* où.

11. εθιτυ. *Voyez* les Observ. littéraires.

12. Αυτον δε, c'est-à-dire, le κυνηγετης, *celui qui tient, celui qui conduit les chiens.* Il est opposé à ακυωρος, *le gardien des filets.* — Περι την υπαγωγην κυνηγεσιου, *prædam caute deducturus in casses.* — Υπαγωγη, l'action *de conduire, d'amener avec adresse, avec ruse.* Υπαγειν εις ενεδρας, *faire tomber adroitement dans une embûche.* (Voy. Ιππαρχ., *IV, 12.*) La préposition n'est pas rendue par Leunclave. Leonicenus traduit, *ad saltus indaginem subeat;* version peu littérale. (*Voyez* υπαγειν, *ch. X, 4.*) — Κυνηγεσιον (de κων et αγω, *conduire les chiens*) se dit tantôt des chiens, tantôt du butin; ici dans le dernier sens.

13. Αγροτερα. Surnom de la chasseresse Diane, auquel fait allusion Callimaque dans ce vers 12 (Hymn. Dian.): αγεια θηρια καινω. Elle est encore surnommée θηρκτονος, θηροφονος, πολυθηρς. — Μεταδουναι. *Voyez* Observat. littéraires. — Μεταξυ τουλου, sous-entendu χρονου.

14. Επιλλαγμενων]. Απιλλαγμενων se trouve dans quelques anciennes édit. Je préfère επιλλαγμενων, 1.° parce que je le vois en marge de B; 2.° parce qu'il est proposé par Leunclave et Brodeau; 3.° parce que la préposition επι peint mieux des pas enlacés les uns dans les autres, que απο; *voy.* Variantes περι ιπ. *I, 7;* 4.° parce que le mot se trouve encore au paragraphe suivant. Zeune préfère απιλλαγμενων. — Περαινομενου δ. τ. ι., *dum vestigium transigitur,* Leonicenus; *dum verò vestigii finis quæritur,* Leunclave. Qu'entend Leonicenus par *transigitur!* le prend-il dans le sens ordinaire de aller *(trans)* au-delà! Suivant Leunclave, plus clair dans la traduction de ce mot, περαινειν signifie *chercher la fin* de la trace. De ces deux interprètes, le premier est obscur; le second ne s'est-il pas trompé! Περαινειν ne signifie ni *chercher la fin* de la trace, ni *aller au-delà* de la

race, mais *marcher sur* la trace. Περαν signifie quelquefois non
u-delà, mais *à travers.* Ainsi les Latins ont dit, *trans æthera*
our *per æthera.* — Εξειλουσαι τα ιχνη, διπλα, τριπλα. Lucain a
it de Pompée prenant la fuite :

. . . *Incerta fugæ vestigia turbat*
Implicitasque errore vias.

C'est ainsi que le lièvre, allant tantôt à droite, tantôt à
auche, tantôt revenant sur ses pas, dissimule sa trace que le
hien tâche de démêler. *Voyez* note de Vlitius sur le vers 22 5
e Gratius. — Παρα τα αυῖα]. A porte. δια ταυῖα, et en marge
κϱα ταυῖα. — Μανα, au lieu de μακρα, se trouve dans mes
eux manuscrits. — Ταις ουϱϱις διασιουσαι. Leunclave indique
n marge διασινουσαι, ou plutôt τας ουϱϱς διασιουσαι. Peut-être
réfère-t-il ce dernier, par la seule raison qu'Estienne, au
h. *III, 4,* recommande διασινειν.

16. Τα σωματα]. Το σωμα παν επικραδαινειν, Pollux, ·V.

17. Εμβοωντων, sous-ent. κυνηγεται, *que les chasseurs s'écrient.*
– Ιω. *Voyez* Call. de Spanh., Apoll., *25.* — Κακος. Brodeau
lu κακως dans un ms. ; mais il préféreroit καλως. Estienne, le
remier, a lu κακας. Cette leçon, dont Zeune suspecte la véra-
té, se trouve en marge du ms. A, avec le signe γϱ. Zeune
meroit mieux καλως. — Κυνοδρομειν. *Voyez* Pollux, *V, 1;* et
panheim, *ad Callim. in Dian. 106.* — Περιελιξαντα], *roulant sa*
lamyde *autour* de son bras. Comme il s'agit ici de la chasse
un animal doux et paisible, et non d'une bête féroce, pour-
aoi la chlamyde roulée autour du bras ! probablement pour
re prêt à repousser les bêtes féroces si l'on en rencontroit :
eut-être encore prenoit-on cette précaution, parce que la
lamyde, agitée par le vent, pouvoit effrayer le gibier timide.
oyez Opp., Cyn., A, *105.* — Απυρον γαϱ, *periculosum enim est,*
eonic. Leunclave a traduit comme il vouloit qu'on lût : *nam*
natoris hoc imperiti, απυρον γαϱ. *Quoniam id difficultatem affe-*
t, Est. Απορς, au propre, *qui est sans issue, par où l'on ne*
ut passer; et au figuré, *qui manque d'expédiens, de ressources.*

Ἀπορον γαρ, *car cela est d'un homme manquant d'expédiens, cela est maladroit.* Voilà le sens de ce mot, que Leunclave veut à tort corriger.

18. Κοινον. C'est une chose *reçue, usitée* parmi les chasseurs. Leunclave propose, en marge, εκεινον, sous-ent. κυνηγετην, et traduit d'après sa conjecture. — Ζητειν] ; sous-entendez δει ici, ainsi qu'à ἀναβοᾳν et πυνθανεθαι du n.° 19, περιαγειν et θεθαι du n.° 21.

20. Ου παλιν, ου παλιν. Ces mots, dit Leunclave, sont d'un chasseur qui excite, qui encourage à aller en avant, et non d'un chasseur qui rappelle ses chiens égarés ; il faut donc lire τουμπαλιν, *retro* : correction inutile, si παλιν exprime aussi l'action de revenir en arrière ; or cela me paroît certain. Lisez ου παλιν ; ου παλιν ; *nonne retro! nonne retro!* Sur παλιν, voyez mes Fables d'Ésope, *II, 1, 4.*

21. Πολλους πυκνους. Estienne juge και nécessaire après πολλους ; A le donne. Cependant je pense, avec Zeune, que lorsqu'on rencontre deux et trois participes sans conjonction, plusieurs adjectifs de suite peuvent de même s'en passer. *Voyez* Hoog. *p. 339,* et Mémor. *I, 1, 18,* βουλευσας, γενομενος, επιθυμησαντος sans copule. — Σημειον θεθαι στιχον. Leonicenus traduit ce dernier mot, *limitem ;* Leunclave, *ipsam indaginem ;* Fr. Portus, *venator sibi signum statuat.* Dans ma version latine, je propose *ipsum vestigandi initium,* qui me semble expliquer l'idée plus clairement.

22. Μη κατεχοντα se trouve dans A, B. Estienne lit κατεχοντα μη, c'est-à-dire qu'il supprime une hyperbate dont les exemples ne sont point rares. *Voyez* Mémor. *III, 9, 6 ;* Dorv. Charit. *p. 92 ;* Fischer, sur Plat. Phæd. *c. 24.* Dans A je lis μη κατεχοντα κυνοδ... Le μη y est effacé, et ensuite restitué de la même main, à ce qu'il me semble, entre κατεχοντα et κυνοδ... Il est facile de juger, de ces deux leçons, quelle est la plus exquise. M. Weiske traduit μη κατεχοντα par *non retinendo* sc. *canes.* — Τας κεφαλας, qui manque dans les anciennes éditions, se lit dans mes deux

mss. — Ὑπερπηδῶσαι, qui semble à Leunclave une répétition ha-
sardée, manque dans A. — Κεκραγυιαι]. Estienne lit κεκλαγυιαι,
qui est en marge de A. *Voyez* ch. 3, n.° 9.

24. Παρενεχθη]. Estienne lit παρεχθη, qui est dans B.

26. Ανελοντα]. Les deux mss. portent ανελονται.. Ανελοντα en
marge de A. — Αναστρεψαντα. Leonicenus traduit *canes avertat* :
il a donc lu αναστρεψαντα, leçon de B. La première leçon me
semble préférable, quoi qu'en dise Brodeau : elle rappelle un
usage dont Arrian fait mention *(ch. 10)*, et que la chaleur du
climat rend plus utile en Grèce que chez nous.

CHAPITRE VII.

1. Τετ]αρες και δεκα ἡμεραι. Les deux manuscrits portent και
δεκα αυται (ἡμεραι en marge de A). Leur chaleur dure quatorze
jours. Chez quelques unes cependant, dit Aristote *(liv. VI,
ch. 20)*, elle dure seize jours ou à-peu-près.

2. Καταπαυομεναι, *concessâ aliquâ quiete*, Fr. Portus; *dum
otio et quiete fruuntur*, Leunc. S'agit-il ici de repos, de cessa-
tion de travail, ainsi que le prétendent et les commentateurs
modernes, et Pollux lui-même *(V, 5)*, qui s'exprime ainsi :
Προδιαπονηθεισαι δε ειτα αναπαυσαμεναι και εν αν συνδυαζοιντο! J'ai
donc dû traduire : *Vous les présenterez bien reposées à des chiens
de bonne créance* : ce qui ne s'observe pas à l'égard des femelles
de toutes les espèces; témoin Pline, qui écrit (Hist. natur.
liv. VIII, ch. 69), *asinas mares fatigatos meliùs implere.* Voyez
Colum. *VI, 37.* — Μη εξαν. Littéralement : *Ne les menez pas
continuellement à la chasse, mais de distance en distance.* S'il n'y
avoit pas ενδελεχως, j'aurois pris διαλειπειν dans le sens de *laisser
au logis tout le temps* de la gestation, δια. Gratius l'a entendu
ainsi dans ce vers 286 :

Da requiem gravidæ, solitosque remitte labores.

Ἱνα μη φιλοπονιαν διαφθειρωσιν : à φιλοφονιαν, sous-entendez
δια, et εμβρυον à διαφθειρωσιν. Pour justifier ce sens, *voyez* Foës.

Æcon. Hippoc., au mot διαφθοραν. Vlitius (*p. 125*, sur Grat.) traduit, *ne a laboris studio desuescant.* — Κυουσι ἑξηκονθ']. *Elles portent soixante jours.* « Elles portent neuf semaines, dit Buffon, » c'est-à-dire, soixante-trois jours, quelquefois soixante-deux » ou soixante-un, et jamais moins de soixante. » Aristote dit que la chienne de Laconie porte la sixième partie d'un an, c'est-à-dire, soixante jours ; quelquefois un jour, soit de plus, soit de moins, ou deux ou trois de plus. *Voyez* l'Aristote de Camus, *liv. VI, ch. 20.*

3. Το δε των μητερων. Wels a adopté la leçon d'Estienne, qui conseille των δε μητερων. *Voy.* Arrian. *ch. 30* ; Poll., *V* ; Colum. *de Re rust.,* VII, 12.

4. Εμποιουσι. *Voy.* Arrian. *ch. 31.* — Αδικα. Le mot se trouve dans les deux manuscrits. Αδινα, Brodeau. Faut-il lire ακιδνα, *foibles!* Je ne le crois pas, dit avec raison Zeune ; car dans la Cyropédie *(liv. I, ch. 2, 15)* nous trouvons ἁρμα δικαιον, ἱπποι αδικοι ; et dans le Traité d'équitation, *III, 5,* αδικος γναθος.

5. Psyché, de ψυχη, *ame.* — Thymos, de θυμος, *desir, passion, ardeur, hardiesse, assurance ; l'esprit, l'ame, la volonté, la vie,* la *colère.* — Porpax, de πορπη ou πορπαξ, *agrafe, boucle,* et tout ce qui sert à attacher, à serrer, à saisir, à empoigner. — Styrax, de συραξ, *pointe* ou *fer de lance, de pique.* — Lonchè, de λογχη, *lance.* — Lochos, de λοχος, *embûche.* — Phroura, de φρουρα, *garde, sentinelle.* — Phylax, de φυλαξ, *gardien.* — Taxis, de ταξις, *ordre, ordonnance, poste, appariteur, licteur.* — Xiphon, de ξιφος, το, *épée, glaive.* — Phonax, de φοναξ, ὁ, *qui aime le carnage.* — Phlégôn, de φλεγειν, *brûler, embraser.* — Alcè, de αλκη, ἡ, *force.* — Teuchôn, de τευχειν, *rencontrer, atteindre.* — Hyleus, de ὑλαω, *aboyer.* — Mèdas, de μηδομαι, *avoir soin.* — Porthôn, de πορθειν, *ravager.* — Sperchôn, de σπερχειν, *hâter.* — Orgè, de οργη, *colère.* — Bremôn, *le frémissant,* de βρεμω, *je frémis.* — Hybris, de ὑβρις, *outrage.* — Thallôn, de θαλλειν, *verdoyer.* — Rhomè, de ῥωμη, *force.* — Anthée, de ανθειν, *fleurir.* — Hébé, de ἡβη, *jeunesse.* — Gethée, de γηθειν, *se réjouir.* — Chara, de χαρα, *joie.* —

Leusôn,

Leusôn, ou de λευειν, *lapider, causer beaucoup de dégât*, ou, ce qui est plus probable, de λευωειν, *voir.* — Augè, de αυγη, *splendeur.* — Polys, de πολυς, *nombreux.* — Bia, de βια, *force.* — Stichôn, de ςιξ, *ordre, alignement.* — Spoudè, de απυδη, ή, *empressement.* — Bryas, de βρυειν, *pulluler, germer.* — Oinas, de οινος, *vin.* — Sterros, de ςερρος, *solide.* — Craugè, de κραζειν, *crier.* — Kainôn, de καινειν, *tuer.* — Tyrbas, étymologie inconnue, à moins qu'il ne faille lire, avec le ms. A, πυρβας, de πυρβη, *trouble.* — Sthenôn, de ςθενω, *je puis.* — Aither, de αιθηρ, *l'air.* — Actis, de ακτις, *rayon.* — Aichmè, de αιχμη, *pointe, javelot.* — Noüs, Noës; nom qui convient à merveille à un animal doué d'un instinct admirable : sa racine est νοεω, *sentir, avoir de l'instinct;* verbe assez souvent mal expliqué. J'en citerai trois exemples. Dans l'Idylle *II, 103,* de Théocrite, Simæthe parle du moment de l'arrivée de Delphis ; elle ne le voit pas, et cependant elle dit, εγω δε νιν ώς ενοησα. Dirons-nous, avec le scholiaste grec, que ενοησα est pour ειδον, et traduirons-nous, avec l'interprète latin, *ego ut ipsum aspexi!* non sans doute; aussi, persuadé que ενοησα dit bien plus que ειδον, ai-je traduit, *ie le sens venir.* Dans Homère, *Il, VI, 483,* Andromaque avec un sourire mêlé de larmes, reçoit son fils sur son sein, η δ' ψα μιν κνωδει δεξατο κολπω ; Homère ajoute, ποσις δ' ελεησε ονησας, et l'interprète traduit, *vir autem misertus est intuitus. Intueri* signifie *regarder, voir de près, envisager.* Νοησας signifie bien plus. Les yeux d'Hector ont vu les larmes d'Andromaque, et son ame en est émue. C'est cette tendre émotion que dépeint e νοησας d'Homère. Dans la reconnoissance d'Ulysse et de Laërte (Odys. *24, 231*), Homère emploie encore τον δ' ώς νοησε, et l'interprète latin traduit *ut animadvertit.* Que de beautés et de sentimens ont disparu dans cette version infidèle ! Ulysse a cherché son père; il aperçoit un vieillard vêtu d'une vile tunique, souillée de cendre et de poussière, le front couvert d'un casque de peau de chèvre. Sous ce costume ses yeux l'aperçoivent à peine, et déjà son cœur lui a dit que ce vieillard est son père. Voilà le sens de νοεω, bien plus expressif que οραω, *video.* Quand il fait plus que d'entrevoir son père,

C

lorsqu'il l'a bien reconnu, alors Homère se sert, non de νοεω, mais de εισορϱω. En finissant cette note, je reviens sur αϱα, du vers d'Homère que j'ai cité. Je m'en demande raison, je consulte Clarke et autres, et point de note sur ce monosyllabe. On le traite de rédondant ; mais, loin de l'être, il me paroît d'une sensibilité exquise. Hector vient d'embrasser Astyanax et de le balancer mollement dans ses bras ; bientôt il le remet dans les mains d'Andromaque. Avec quel empressement elle dût recevoir ce gage de tendresse, que bien des souvenirs rendoient si précieux ! Homère n'a-t-il pas voulu exprimer cet empressement par αϱα ! Je le soupçonnerois : αϱα doit se prendre ici dans le sens très-affirmatif (1), et signifier, *sans doute, comme bien l'on s'imagine*, en latin, *haud dubiè*. Dans mon *Clavis Homerica*, ainsi que mes devanciers, j'ai omis cette notule. Me pardonnera-t-on d'y être revenu, et d'indiquer, par la même occasion, le sens de αϱνυμενος (vers *446* du même chant) sur lequel j'ai passé légèrement ! La gloire d'un père est un patrimoine qu'un fils ne doit pas laisser aller en d'autres mains ; un bien qu'il doit saisir. Tel est, je crois, le sens de αϱνυϑαι. Quant à εμου αυτου, qui termine le vers, disons qu'Horace l'a imité dans ce qui suit : *Dum mea nemo scripta legat vulgo recitare timentis.* — Gnomè, de γνωμη, ή, *conseil*. — Stibôn, de στιβειν, *fouler aux pieds*. — Hormè, de ὁρμη, *désir, vîtesse*. Xénophon le jeune (*voyez* Arrian, *ch. 5*) avoit une chienne de ce nom qui étoit d'une vîtesse extrême. — Ηϐα]. Ηϐη en marge, Leunclave ; Ηυει, B. De ηυει on arrivera à ηϐη, en se rappelant que β se prononçoit comme notre v, et que η et ει avoient le même son (*voyez* Θεοσϐεις, *ch. 11, n.° 16*). Sur

---

(1) Ἄϱα. Parmi les nombreuses acceptions de αϱα, remarquons qu'il exprime *conjecture, doute*, à-peu-près comme ισως et που ; et par extension, *affirmation*, (*nempe, scilicet*). De même nous, en françois, nous employons quelquefois notre *peut-être* dans un sens très-affirmatif. Ἄϱα ainsi accentué, disent les grammairiens, est interrogatif, et vient de ή et de αϱα. *Voyez* Homère, *Il. XVIII, 5*, αϱα affirmatif, et *ibid.* vers 6, αϱα dubitatif. Sur αϱα, *voyez* Hoog. et Viger.

les noms des chiens, *voyez* Pollux, *liv. V;* Arrian, *ch. 5* et *19;* Colum. *de Re rust.* VII, 12.

6. Οκταμηνους. *Voy.* Arrian, *ch. 25* et *26;* Poll. *l. V;* Colum. *de Re rust.* VII, 12; et *Maison rust.* t. II, p. 528, 585 et 588. — Ευναια ιχνη : *les traces* du lièvre qui gîte se sentent plus long-temps que celles du lièvre coureur (*voyez* ch. 5, n.° 7); on évitera donc de lâcher les jeunes chiens sur les traces du premier; ils écouteroient trop leur ardeur, ils s'épui-seroient : ce que l'on n'a pas à craindre sur celles du lièvre coureur, qui sont beaucoup moins sensibles. Sur les premières traces, ευναια, vous tiendrez vos chiens attachés à de grandes laisses : vous les laisserez plus libres sur les traces du lièvre coureur, δρομαια (*voyez* n.° 9); nul inconvénient qu'ils les cherchent jusqu'à ce qu'ils les trouvent. *Voyez* ch. 3, n.° 8. Au lieu de ευναια, quelques éditions portent ευεχια, leçon indiquée dans Pollux, *liv. V.*

Εχοντα ύφεμενας μακροις ιμασιν. *Tenez-les attachés à de grandes laisses, les suivant dans leur quête.* Voilà l'autre sens que j'avois d'abord adopté, avec Fr. Portus et Leonicenus, mais qu'en-suite j'ai rejeté. Si ιχνευουσαις devoit se rapporter aux jeunes chiens, τας σκυλακας, Xénophon n'auroit pas employé le mot κυσιν; en second lieu, κυσιν m'a semblé faire antithèse avec τας σκυλακάς; en troisième lieu, les règles de la grammaire sont ici d'accord avec l'usage, du moins si j'en dois croire un chasseur que je viens de consulter.

7. Καλαι. Brodeau propose κελα. — Ειδη; leçon de Leoni-cenus, Brodeau et Estienne. Ιχνη, ms. A, en marge duquel ειδη avec le signe γρ. — Ιεναι avec l'esprit doux, Zeune. Je lis ἱεναι, esprit rude, d'après Leonicenus, qui traduit, *tum canes emittat.*

8. Ρηγνυνται, Arrian, *ch. 31.*

9. Ἱεναι avec esprit rude, *envoyer;* ἱεναι avec l'esprit doux, *aller.* Leonicenus a lu ἱεναι avec esprit rude. — Τα δε δρομαια (opposé à τα ευναια du n.° 6) έως αν ελθωσι, τα ιχνη μεταθειν εαν. Cette leçon de A rend inutiles et la correction et la transposition

C 2

de Leunclave, qui propose, τα δε δρομαια των ιχνων, εως αν ευρωσι, μεταθειν εαν. C'est ainsi que lisoit Leonicenus, qui traduit, *sed ad pedum vestigia transcurrere sinat, quoad ea invenerint.* Zeune admet, non la transposition, mais le changement de ελθωσιν en ευρωσιν ou ελωσι, sous-ent. τον λαγω. Pour moi, je crois devoir conserver ελθωσιν, et je traduis ainsi : *Laissez-les courir après les traces du lièvre coureur jusqu'à ce qu'elles viennent,* c'est-à-dire, jusqu'à ce qu'elles se sentent, jusqu'à ce qu'elles *soient :* ηκειν et ερχομαι dans le sens de *être. Voyez c. 8, 7.* A l'exemple des Grecs, les Latins ont dit : *Gratior et pulchro* veniens *in corpore virtus,* Virg. Æn. *V, 344 : An deus immensi* venias *maris,* Georg. *l. I, v. 29.* Dans ces deux vers, *venio* pour *sum, existo.* Au lieu de ελθωσι, M. Weiske donne εθελωσι. Εθελωσι, dit ce savant, *non dubitavi de conjectura scribere ;* et ailleurs, *mihi placuit scribere: Tel est notre bon plaisir.* Ainsi parlent les rois et les empereurs ; mais un éditeur de Xénophon doit être plus modeste. — Διδοναι αυταις, Callim. de Spanheim sur Diane, *89 ;* Pollux, *V.*

10. Μη, ουκ εν κοσμω. Ου manquant dans les anciennes éditions, on s'est répandu en conjectures. Ου se trouve dans mes deux manuscrits. Μη, ουδενι κοσμω ou μη ακοσμως, Leunclave. *Voy.* Arrian, *ch. 25.* — Τουτον en marge de A. — Γιγνονται dans les deux manuscrits.

11. Όταν αναιρωνται, c'est-à-dire, selon Zeune, οταν τα προσφερομενα δεχωνται, idée qu'il retrouve ch. 6, n.° 2. Leonicenus avoit un texte différent du nôtre, puisqu'il traduit, *tunc enim suspiciunt.* M. Weiske lit αναιρωνται avec Estienne, et non αναιρωνται. Όταν ευρωσι π, Leunclave. En marge de la 1.re édition de Leunclave et de la dernière d'Estienne, on lit οθεν αναιρωνται. Όταν ερρωνται, *cùm valent,* Zeune. Je donne à ce mot une interprétation nouvelle. Est-elle juste? que les érudits prononcent. — Περς τουτο. Leunclave traduit, *ad escas,* pour *ad eum locum ubi ipsis escæ projiciuntur.* — Εις τα πολλα]. Ὡς τα πολλα, Est. Zeune blâme justement cette correction, par la raison que l'on dit également εις τα πολλα ou ως τα πολλα. On dit aussi ως επι τα

πολλα, επι το πολυ, ὡς επι το πολυ. *Voyez* ch. 10, n.° 6. — Αυτον, sous-ent. κυνηγετην. — Ὁταν μεν γαρ]. Ὁταν γαρ μη, Leunclave; même pensée, *ch. 2, n.° 3*, περι ἱππικης.

CHAPITRE VIII.

1. Ιχνευεσθαι, sous-ent. δει. — Δυσζητητος, sous-ent. ὁ λαγως, singulier à remarquer après τους λαγως, accusatif pluriel : énallage, figure familière aux Grecs. — Ει ενεστι μελαγχειμα, *hiems absque nive*, Leonicenus. *Si nives liquescant ita ut loca quædam, quasi insululæ, in mediis nivibus nive careant, atque ita nigrescant*, Fr. Portus. C'est le sens que j'ai adopté. — Βορρειον, sous-ent. πνευμα. Βορειον dans A, et au-dessus du ν un σ en caractère rouge, avec le signe γρ. aussi en caractères rouges et de la même main. — Νοτος, sous-ent. ανεμος. — Ουδεν δει, sous-ent. ιχνευεσθαι. — Ουδε, αν πνευμα, pour ουδε δει ιχνευεσθαι, αν κ. τ. λ.

2. Εχοντα (sous-ent. τον κυνηγετην) se trouve dans les deux manuscrits. Εχοντας, Wels. La première leçon va mieux avec λαβοντα, ἡκοντα, ποιουμενον ζητουντα, et autres participes singuliers ci-après, Z. — Την οσμην. La conjonction και, que Zeune desireroit avant την, manque dans les manuscrits ; omission dont nous trouvons des exemples.

3. Εις το αυτο dans mes deux mss. Leunclave lit εις τα αυτα, et traduit *in eadem ;* correction très-gratuite. Εις το αυτο, sous-entendu χωριον, *in eumdem locum.* Au-dessus de αυτο, B met un signe de doute. — Εκπεμιεναι. B porte εκπροιεναι; faute provenant, 1.° de ce que οι se prononce ι; 2.° de ce que le copiste n'aura pas aperçu ε après π, περ étant écrit par abréviation. — Ὁποια]. Wels, d'après Estienne, lit ὁποι. — Τεχναζειν, Ælien, Anim. *l. VI, ch. 47 ;* Buffon, *t. VIII, in-12.*

4. Επει δ᾽ αν φανη]. Επιδαν λαβη, B. Επιδαν, faute provenant de ce que ει se prononce ι. Επειδαν, A. Δει δε επειδαν et επειδαν δε, double conjecture d'Estienne.

5. Περσιεναι. Cast., Hal., Bryll., προσειναι.

6. Μενει]. Bryll., μενειν. — Λειπομενη, sous-entendu ὡρα.

7. Ἥκοντος δε τουτου. *Ubi ita acciderit, ut plures indagati sint lepores, nec ad plures investigandos tempus diei suffecerit.* Ce qui suit me semble démentir cette interprétation de Zeune. *Quod ubi acciderit*, Leonicenus et Brodeau. *Cùm satis temporis erit.* Leunclave, dans cette dernière version, donne le vrai sens ; seulement ajoutons que ἥκοντος τουτου signifie littéralement, *quand cela est.* Sur ἥκειν dans le sens de *être*, voyez, *chap. 7, n.° 9*, au mot ιεναι ; *chap. 9, n.° 5*, au mot τουτου γινομενου. — Μελαγχειμοις s'entend des lieux où la neige est fondue. Ma première édition offre une fausse interprétation de ce mot, que, dans cette même édition, au n.° 1.er du même chapitre, j'avois traduit exactement. — Πεςιλαμβανοντι]. A porte περιλαμβανοντας. — Προς ὁτῳ, sous-entendu τοπῳ.

8. Εαν εκκυλισθῃ. Même en formant une enceinte, il pouvoit échapper à travers les mailles. On se rappellera qu'elles étoient de deux *palestes*, c'est-à-dire, deux fois la paume de la main. — Απαγορευει. Ει et η se prononçant de même, il ne faut pas s'étonner que les anciennes éditions aient απαγορευη.

CHAPITRE IX.

1. Ινδικας. Sur les chiens des Indes, *voyez* Pline, Hist. nat. *l. VII, ch. 2*, et *l. VIII, 28*; Ælien, Hist. Anim. *l. VIII, ch. 1*; Oppien, Cyn. *I, 413.* — Του νεος. Castal. porte το πρὸς ; c'est aussi la leçon du ms. A. *Voyez* Arist., Hist. Anim. *l. VI, ch. 29*; Oppien, Cyn. *II, 185* et suiv.

2. Τας οργαδας. Alde porte, ainsi que A, τους οργαδας. *Voyez* ch. X, n.° 19. — Πλειςιν, Junte, et autres anciens éditeurs. Πλειςοι, Estienne. — Ακοντα, Pollux, *liv. III.*

3. Ἅμα δε τῃ ἡμερα. Δε manque dans A. — Ευνασκειν. Estienne lit ευνασειν, sans doute parce qu'il a jugé que μελλω ne devoit se construire qu'avec le futur ; il s'est trompé. *Voyez* Viger, *p. 261.*

4. Αυτον δε. Δε manque dans A. — Διαμαρτησεται]. Διαμαστησηται, B. Je doutois du premier σ, j'en trouve un figuré de même

au mot αφηρπασμενον, n.° 19 de ce chapitre. — Αλλοιουνται]. Οι et ι ayant même prononciation, il ne faut pas s'étonner de voir αλιουνται dans Junte, Alde, Hal. et Bryl. — H οι, sous-ent. κυνηγετη. H οιοι, Estienne.

5. Εψυγμενος]. Εφυσμενος dans les deux mss. — Τουτου δε γενομενου. Voilà la véritable scholie de ηκοντος τουτου, *ch. 8, n.° 7.* — Το ὑγρον, sous-entendu γαλα, selon Zeune. J'entends ce mot de l'humidité de la rosée.

7. Τῳ αυτῳ]. Συν τῳ αυτῳ, Castal.

8. Χαλεπως. *Voyez* Pollux, *l. V.* — Ὁτε δε. *Voyez* ch. 5, n.° 8. Estienne propose οτε μεν avant εν μεσαις. — Τῳ οπισθεν]. Το οπισθεν, B et les anciennes éditions, excepté Cast.

10. Βιασθεισαι δε τουτο, sous-ent. κατα. Ce passage a été bien tourmenté par les commentateurs. Leunclave coupe le premier mot, et lit βια, qu'il reporte à la fin du paragraphe précédent, et ensuite θεοντος δε τουτου, conjecture adoptée par Wels. Zeune rapporte βιασθεισαι à κυνες, qui vient après, et traduit, *les chiens qui sont forcés de courir, le faon prenant la fuite. Quòd ubi coactæ fuerint,* dit Leonicenus : mais entend-il *coactæ* des chiens ou des cerfs! Serai-je plus heureux que mes devanciers, en disant que βιασθεισαι se rapporte, non à κυνες, comme le prétend Zeune, mais à ελαφοι! alors βιασθεισαι seroit un nominatif absolu. Il y en a une foule d'exemples dans les auteurs grecs. — Εοικος]. Εικος, A. Οι se prononçant ι, on conçoit encore ici pourquoi les uns ont écrit εικος, les autres εοικος. Au reste εικος et εοικος ont la même signification.

11. Ποδοςραβαι]. Le même *podostrabe* s'appelle ποδαγρα (Cyr. *I, 6, 19*), et ποδαγρεια dans Poll. *V.* Ποδος ςραβαι, B. — Ναπας]. *Voyez* ch. V, n.° 15.

12. Σμιλακος, sous-entendu εκ, comme dans le paragraphe suivant au mot απαρινου. — Στεφανας. *Voyez* Pollux, *liv. V.*

13. Επι την ςεφανην se trouve dans mes deux mss. Estienne a corrigé, avec raison, περι την ςεφανην. *Voyez* Pollux, *l. l.* —

Βροχος αυ]ος]. Αυ]ου dans le ms. A. — Σπφρος. On lisoit ςπφρος avant Estienne, leçon plus voisine de ςφρς que donne B. — Μεγεθος, sous-entendu κατα.

15. Επι μεν το βαθος την ποδοςραϐην επιθειναι κατωτερω ισοπεδον]. Ποδοςραϐη, de ποδας ςρεφειν, signifie un instrument à remettre les membres disloqués ; ici il s'entend d'un piége où s'embarrassent les pieds du cerf poursuivi. *Voyez* la traduction françoise, ou plutôt le texte de Xénophon, *IX, 10, 11, 12, 13* et *14*; et Pollux, *V, 32.* A la place de την ποδοςραϐην, je lis, avec A et les anciennes éditions, ποδοςραϐης, et je construis ainsi ce passage difficile : επι το βαθος ισοπεδον επιθειναι κατωτερω (sous-entendu τα οντα) της ποδοςραϐης, *à une profondeur égale,* c'est-à-dire *de niveau,* *il faut placer la partie inférieure du podostrabe.* Je rapporte ισοπεδον à βαθος. On pourroit encore regarder ισοπεδον comme adverbe, en sous-entendant εις. Alors on traduiroit ainsi : *sur la fosse il faut placer de niveau &c.* En lisant ποδοςραϐην, κατωτερω sera pris, non adjectiv., mais adverb., et voici le sens que l'on aura : *mettre le podostrabe sur la fosse, au fond,* c'est-à-dire au fond de la fosse. Mais peut-on supposer que Xénophon recommande de placer le podostrabe au fond de la fosse ? B lève toute difficulté sur ποδοςραϐην ou ποδοςραϐης, car il ne met ni l'un ni l'autre, et sa leçon me paroît très-intelligible. La voici : ποιησαντα δε ταυ]α, επιθειναι κατω]ερω ισοπεδον, *cela fait, on posera le podostrabe de niveau à la partie inférieure de ce podostrabe.* Xénophon ayant dit, dans la phrase précédente, ιςαναι ποδοςραϐας, il n'est pas difficile de sous-entendre ποδοςραϐας après επιθειναι. Cette ellipse n'a rien d'insolite. A κατω]ερω je sous-entends κα]α τα, ce qui me semble encore raisonnable ; car ce n'est pas du *podostrabe* tout entier, mais seulement de la partie inférieure qu'il doit être ici question. Voilà les différentes interprétations dont me paroît susceptible ce passage difficile. *Viderint peritiores.* — Δοκιδας, des *branches d'épine.* Ακιδας, conjecture de Leunclave. — Ατρακπυλιδος]. Αςρακπυλλιδος, B ; A porte en marge ατρακπυλιδος avec le signe γρ. — Πεταλα. *Voyez* Pollux, *l. l.*

16. Ανωθεν δε ταυ]α]. Ανωθεν δ]' επι ταυτην, Leun. J'aimerois

mieux, s'il falloit corriger, lire avec Zeune, ανωθεν δ᾽ επι ταυ]α; mais je crois le texte bon en sous-entendant επι à ταυ]α. Επι ταυ]α, *super illa* (sous-ent. *quæ jam terra egesta sunt occultata*) *injiciatur terra solida quæ procul ab eo loco, ubi insidiæ illæ sunt structæ, est effossa.* Estienne, jugeant forcée cette ellipse de επι, lit ανωθεν δε ταυτης (ταυτης régi par ανωθεν). — Την τε πηελουσαν, Poll. *l. l.*

17. Περι. *Voy.* chap. 6, n.º 6, au mot ορθρον. Ici le sens de πρωι encore bien déterminé. Ammonius, pour établir la différence qui existe entre ορθρον et πρωι, ne pouvoit mieux faire que d'indiquer ce passage et ceux du chap. VI. — Επισκοπειν δε, εχοντα τας κυνας τας μεν εν τοις ορεσιν εςωσας]. Dans ma première édition j'ai traduit ainsi : *Sur les montagnes, le chasseur, accompagné de ses chiens, pourra chasser toute la journée; mais le point du jour est le moment le plus favorable &c.;* et dans ma nouvelle édition : *Sur les montagnes, le chasseur, accompagné de ses chiens, pourra épier les cerfs toute la journée, mais le matin surtout. Dans les terres labourées, il commencera avant le jour; sur les montagnes, vu la solitude des lieux, on prend le cerf la nuit et en plein jour: dans les terres labourées, c'est la nuit; le jour, la présence des hommes l'effraie.* Mécontent de cette version, un savant la remplace par celle-ci : « Il faut que le chasseur, » accompagné de ses chiens, aille visiter ses piéges; savoir, » ceux qu'il a placés dans la montagne, le matin sur-tout, mais » aussi dans la journée. Quant à ceux qu'il a placés dans les » terres labourées, il doit les aller visiter à la pointe du jour. » Dans les montagnes, en effet, les cerfs se prennent non-» seulement pendant la nuit, mais encore pendant le jour, vu » la solitude des lieux; quant aux terres labourables, ils n'y » viennent que pendant la nuit; la présence de l'homme les » effraie pendant le jour. » Voilà une interprétation bien différente de la mienne; elle fait mention de piéges où je prétends qu'il est question de cerfs; et elle a pour elle l'assentiment de Zeune. M. Weiske, qui a examiné et comparé ma version à celle de mon censeur, donne la préférence à cette dernière.

Selon lui ἑςῶσας doit s'entendre des *piéges.* Ἑςῶσας, dit-il, *sc.* ποδοςραβας. Voilà plusieurs autorités contraires à ma version; examinons pourtant la phrase grammaticalement et logiquement : après avoir dit ἐπισκοπειν δε, ἐχοντα τας κυνας, τας μεν εν τοις ορεσιν ἑςῶσας, Xénophon veut motiver sa pensée ; en conséquence il ajoute, εν μεν γαρ τοις ορεσιν ἁλισκονται, *en effet, ils se prennent sur les montagnes et la nuit et en plein jour.* Remarquons ce γαρ, *en effet.* N'est-il pas évident qu'il est explicatif de ce qui précède ? Le seroit-il, si, après avoir parlé, non de *cerfs,* mais de *podostrabes* [piéges], il ajoutoit, *car on les prend sur les montagnes !* Le participe ἑςῶσας doit donc s'entendre, non des *piéges,* mais des *cerfs.* Si vous l'entendez autrement, non-seulement vous violez les règles de la logique, mais de plus vous ôtez au Buffon des Grecs une superbe image qui existe réellement dans ἑςῶσας.

Pour en dépouiller notre auteur, et prouver que ἑςῶσας ne s'entend pas des cerfs, on me cite ἱςαται ἀι ποδοςραβαι du *chapitre X, 22.* Quoi ! parce que ἱςαται se dit des choses inanimées, vous ne voudriez pas qu'il s'appliquât aussi aux objets animés; *cervos in montibus stantes* peut-il déplaire à ceux qui aiment les images ! Pour moi, loin de rejeter celle que nous offre Xénophon, je regrette de l'avoir affoiblie; de n'avoir pas conservé la vie et l'image de ce τας μεν εν τοις ορεσιν ἑςῶσας. En lisant ces mots, je me représente des cerfs aux rameaux superbes, dont la haute taille semble encore s'agrandir de leur position sur les montagnes.

18. Κατα τον ὁλκον. *Voy.* Pollux, *l. l.* Κατα manque dans B, et certes la phrase peut se passer de κατα : littéralement, *examinant la trace du bois où elle porte ;* idiotisme imité par les Latins, quand ils disent, *novi hominem quis sit* pour *novi quis sit homo :* ainsi, Plaute, *Rud. II, 3, 59, eam veretur, ne perierit.* J'étois tenté de renfermer dans des crochets, κατα comme suspect; j'y ai renoncé, le trouvant dans A. *Voyez* Pollux, *l. l.*

19. Αφελκομενον]. Εφελκομενον, Leunclave, Estienne; conjecture très-plausible, mais non autorisée. *Voyez* Pollux, *l. l.*

Ἐφελκομενον peint à merveille l'embarras de l'animal qui tire ce *podostrabe.*

20. Θαλασσαν. Ils se précipitent dans la *mer. Voyez* Callim. de Spanh. Dian. *107 ;* Ælien, Anim. *liv. V, ch. 56 ;* Oppien, Cyn. *II, v. 217.*

CHAPITRE X.

1. Ινδικας. *Voyez* Observ. litt. —— Περβολια]. Jungermann a lu προβολεια dans un manuscrit. Eι se prononçant comme ι, on conçoit que parmi les copistes à qui l'on dictoit, les uns ont pu écrire προβολια, les autres προβολεια. —— Ποδοςραβας. Voy. *ch. 9, n.ᵒˢ 11 et 14.*

2. Πεντε και-λινοι. Estienne, à cause de μεν du membre précédent, propose εςωσαν δε πεντε και τετλαραχοντα λινοι. Je pense avec Zeune qu'il ne faut point admettre ce changement, que d'ailleurs n'indiquent point mes mss. —— Οἱ περιδρομοι]. Περιδρομος, opposé à επιδρομος, désigne la corde inférieure du filet ; mais seul, comme ici, ce mot me semble signifier la corde passée dans la dernière rangée des mailles tant supérieures qu'inférieures. —— Επ' ακροις, sous-entendu αρκυσιν. —— Εχετωσαν, sous-ent. αἱ αρκυς. —— Ὑφειδωσαν, sous-ent. οἱ δακτυλιοι. Portus ne sait de δακτυλιοι ou de περιδρομοι lequel il reconnoîtra pour sujet de ὑφειδωσαν. —— Το δε ακρον αυτων εκ. ε. δ. τ. δ. L'*arcus* finissant en pointe, comme nous l'apprend Pollux, et le mot ακρον signifiant *pointe*, comme το ακρον του ταιναρου, *la pointe du Tænare,* j'ai cru d'abord que αυτων se rapportoit à αρκυων, sous-entendu ; mais j'ai bientôt abandonné cette construction, que je crois irrégulière, pour rapporter αυτων à περιδρομων. Leonicenus et Leunclave traduisent ακροις par *fastigiis,* sommité, faîte. Au lieu de ὑφειδωσαν, je lis ὑφιδωσαν dans B. —— A porte ικανοι, que je construis avec δακτυλιοι sous-ent. On lit dans B ικαναι, sous-ent. αρκυς. Brodeau se déclare pour ικανοι.

3. Ξυκρας, B ; ξυνας, A ; ξυρηκεις, Zeune, d'après Pollux, *liv. V, ch. 20.* Dans d'autres éditions on trouve ξυκερας et ξυνρας. —— Αυλον se lit dans B, καυλον dans A. On entend par αυλος,

la partie creuse du fer d'une pique, le trou où le bois s'enchâsse dans le fer. Οπη, ἡ το ξυλον εμβαλλεται *(voyez* Eustathe ; *voyez* aussi Pollux, *l. l.).* A *l'aulos* des Grecs répond notre mot françois *douille,* manche creux d'une baïonnette ou d'une pique, en général, canal, anneau ou tuyau de métal. Καυλον, de καυλος, ου, d'où le latin *caulis,* signifie *tige d'une plante quel-conque,* et, par extension, *le bois d'une flèche* ou *d'une pique* qui entre dans le fer, *la garde d'une épée.* Liv. X, vers 156 de l'Odyssée, Homère emploie une fois le mot αυλος en com-position, αιχανεας δολιχαυλους ; mais καυλος s'y trouve assez fré-quemment employé : ainsi *Il. XVII, v. 607,* εν καυλῳ εαγη δολιχον δορυ, *sa longue pique se brisa à l'endroit où le fer s'enchâsse dans le bois :* ainsi *Il. XVI, v. 114* et suiv., Hector, de son large cimeterre, et de très-près, déchargea par derrière un coup sur la pique d'Ajax, *près de l'endroit où le fer entre dans le bois,* παρα καυλον.

Αυλος nous donne l'idée de la partie creuse d'une arme de fer dans laquelle le bois s'enchâsse ; et καυλος, dans les exemples cités, suppose une arme dont le fer s'enchâsse dans le bois que j'appellerois καυλος. Ces deux mots ne sont donc point du tout synonymes, comme le dit Estienne dans son Trésor.

Parmi les éditeurs de Xénophon, les uns lisent αυλον, les autres καυλον : laquelle des deux leçons nous paroîtra préféra-ble? la première, je crois. Ce n'est assurément pas au milieu de la hampe que Xénophon place ses traverses de cuivre ; c'est au milieu de la douille ou manche creux du fer. Leonicenus traduit obscurément, *in medio fistulæ;* Leunclave, plus obs-curément encore, *ubi spiculum hastili admittitur.* Où est κατα μεσον, qui désigne avec précision où doivent se placer les tra-verses de cuivre? et puis *spiculum hastili admittitur* ne présente-t-il pas une idée fausse! — ῾Ραβδους κρανεινας]. Ραυδους κρανεινας, B. Ραυδους provient de ce que β et υ se prononcent comme notre *v*; ainsi αυλος se prononce *aftos.* — Κρανειας, κερανειας, anciennes éditions. *Voyez* Xénophon, περι ιππικης, *ch. XII, n.° 12,* et Pollux, qui lit κρανιας. — Δορατομαχεις]. Δουρατομαχεις, Pollux. — Υπο πολλων. Vous retrouverez la même pensée, *Il. I, v. 540.*

4. Ὑπαγειν κυνηγεσιον]. Κυνηγεσιον s'entend ici, non du butin ait à la chasse, mais des chiens. Ὑπαγειν ne signifie pas ici, comme ailleurs, *marcher à reculons, en arrière* (voyez ὑπαγον, Odys. *VI,* v. 72, 73; et *Il. XXIV,* v. 279, 280), mais *amener avec ruse, avec précaution.* La preuve de cette interprétation me semble fondée sur la phrase suivante, où il est recommandé e tenir tous les chiens en laisse, à l'exception d'un chien de Laconie, qu'on lâchera et que l'on accompagnera dans ses ours et détours. Leunclave a donc mal traduit, *adducere præ- am venatu capiendam. Canum gregem subducere,* Leonicenus. *ubducere* n'est pas le mot. *Voyez* ch. VI, n.° 12, à προς την παγωγην τ. κ. — Λακενων. Αι et ε se prononçant de même, on oit un vestige de l'ancienne prononciation.

5. Ηγουμενη ακολουθια, *ducentem per ea comitando sequi debent,* eunclave. *Sequatur deinceps quò tenor duxerit,* Leonicenus. Τη γευσει pour τη κυνι ιχνευουση. Ιχνευσει régi par επεται, et ακο- υθια par ἡγουμενη : ἡγουμενη s'accorde avec ιχνευσει.

6. Επι τι πολυ, et ensuite ως επι το πολυ, et ὡς τα πολλα, n.° 7; y. ch. VII, n.° 11, à εις τα πολλα.

7. Ὁδ', énallage de genre; car το θηειον a précédé, à moins le l'on ne sous-entende, avec Zeune, ὑς αγριος. — Λαβοντα]. εβοντας, A et B. — Απωθεν απο. Estienne regarde απο comme auvaise répétition de la première syllabe de απωθεν. Quoique ωθεν se construise ordinairement avec le génitif et avec l'el- se de απο, cependant l'απωθεν απο κλεμματος d'Eschines, cité r Estienne lui-même, ne doit-il pas justifier l'απο de Xéno- on, Z. — Ὁρμους]. Ωρμους, A, et ορμους en marge avec signe . — Απορραλισωματα. *Voyez* Poll. V. — Αυγαι dans les deux s.; Αυται, anciennes éditions. — Ὁπως, sous-ent. φυλακτεον. 'ant ὁπως je pense qu'il faut un point en haut. Zeune met e virgule, et par conséquent n'admet point l'ellipse que je ppose. — Συνεχονται]. M. Weiske juge ce passage mutilé. ais cette phrase, *On fixera le péridrome à de gros arbres et à des buissons, qui abondent dans les lieux non cultivés,* me nble très-claire, et très-intelligible. — Ὑπερ δε εκαστης εμφρατ]ειν

τῇ ὕλῃ καὶ τὰ δύσορμα. *Supra singulas plagas etiam aditu difficilia loca ramis arborum obstruant*, Leunclave. *Singulis loca adjacentia claudat materia cæsa, et in ea quæ difficilè poterunt penetrari, ut faciliùs in retia cursum dirigat, tum scilicet nullum alium locum sibi pervium relictum videat*, Fr. Portus. C'est la même pensée que nous retrouvons dans ce vers 49 de Gratius :

Tu licèt Æmonios includas sentibus ursos,

à l'occasion duquel Vlitius cite notre passage de Xénophon, qu'il traduit ainsi : *Utrinque verò sentibus omnia obstruenda sunt etiam ea quæ invia, ut recto in casses cursu feratur, neutiquam declinans.* Notre critique s'applaudit de cette version, que je crois bonne en effet ; et il ajoute que ses devanciers n'y ont rien compris. Il n'avoit donc pas lu Leonicenus, qui traduit *Utrinque verò arborum ramis claudat, ea etiam quæ facilè adir non possunt.* S'il y a quelque différence dans ces deux versions n'est-elle pas à l'avantage de Leonicenus ? *Arborum ramis* n'est il pas plus près de ὕλη que *sentibus*, qui signifie *épines, ronces buissons ?* Ici, où Leonicenus offre le véritable sens, Vlitiu se garde bien de le citer ; ailleurs il le nomme très-injustemen *miserrimum omnium interpretem* (voyez *vers 49* de Gratius et l note du commentateur). Quel dommage de rencontrer de injures où l'on ne devroit voir que le desir de s'éclairer !

9. Τῆς εὐνῆς]. Εγγὺς ne régissant point le génitif, εὐνῆς sup pose l'ellipse de ἀπό. Ainsi εγγὺς τῆς πόλεως, pour εγγὺς ἀπὸ τῆ πόλεως. *Voy.* Vig. *p. 474.* — Επισιαν]. Επασι, Leunc. ; Επσιασ anciennes édit. et ms. A, qui porte en marge επασι. Επσιασ, B Ει au lieu de ι, à cause de l'uniformité de prononciation de ce deux syllabes. — Αναρρίψει]. Littéral. : *il le jettera en l'air, il fera sauter en l'air.* Force de ανα à remarquer. *Ea retrudit* d Leonicenus me semble rendre mal la pensée. — Απεδὸν]. Απε δὸν, B ; altération provenant de ce que αι se prononçoit ε. Leun clave prétend qu'ici, et chapitre VI, 9, il faut lire εμπεδον comme si l'α de απεδὸν n'étoit pas augmentatif. Le commenta teur de Pollux (*l. V, 27,* note du mot καγει) regarde comm

suspect ce mot, que cependant Thucydide (*voy.* VII, 78, 3, et la note de M. Bek) prend aussi dans le sens augmentatif. Ἀπεδον opposé à καταφερες. Voyez *VI, 9.*

10. Αὐτῳ ἀκοντιζειν. Pour prouver l'inutilité de la correction d'Estienne, qui veut αυτον, on cite ce passage de Thucydide, *liv. VII,* οἱ αὐτοις ἀκοντιζοντες. — Περωθων αὐτον et non αὐτον, comme le veut Z. Ici et n.ᵒˢ 9 et 16, αὐτον étant pour ἑαυτον, l'esprit rude est nécessaire. *Voyez* IX, 5, αὐτων, où Z. écrit encore αὐτων. — Τον περιδρομον]. Την περιδρομην, Junte, Hal., Bryll.

11. Καταλειναι, Junte, Hal., Bryll.; et B, καταδειναι. — Ἀπεδω]. Επεδω, B et anciennes éditions. *Voyez* Pollux, *V, 27.* Sur l'attitude du chasseur, voir celle de Méléagre chassant le sanglier de Calydon, dans Spon, *Miscell.* p. 311, et dans les notes d'Olearius *ad Icon. Philostr.* p. 886.

12. Διαβαντα ἠ ἐν παλη]. *Voyez* διαβαινω avec l'acception d'*écarter les jambes*, dans le Traité d'équitation de Xénophon, *I, 14:* il y oppose διαβαινοντες à συμβεβηκοτες, qui exprime l'action contraire de *rapprocher les jambes.* — Εν παλη]. Εμπαλιν dans les deux mss. *Voyez* Pollux, *l. l.* — Εισελεποντα. *Voyez* Pollux, *l. l.* — Ἡ γαρ ῥυμη ἑπεται, *is enim impetus fit qui excutere possit,* Leonicenus. Leunclave corrige τῃ γαρ ῥυμη της εκκρουσεως ἑπεται, et traduit, *quippe sequi solet aper excussionis impetum.* Démosthène a dit dans le même sens, ῥυμη της οργης, *l'impétuosité de la colère.* Zeune propose d'abord ἡ γαρ ῥυμη τῃ εκκρουσει ἑπεται, tandis que, sans rien changer au texte, on peut construire ἑπεται avec le génitif, en sous-entendant μετα. Aristophane, dans son Plutus, dit, ἑπου μετ εμου παιδαριον; pourquoi Xénophon ne diroit-il pas ἑπεται της εκκρουσεως! Dans la première phrase, je vois la préposition μετα exprimée; elle seroit sous-entendue dans la seconde. On veut absolument après ἑπεται, ne pas voir d'autre cas que le datif; c'est d'après ce principe que, dans Pindare, un savant illustre (Olymp. *VI, 120* et suiv.) n'a pas voulu construire γενος Ιαμιδαν avec ἑσπετο. Cependant ne seroit-il pas très-naturel de faire régir le mot

γενος par une préposition sous-entendue? En admettant cette ellipse dans le poëte thébain, la phrase seroit moins coupée, moins hachée, et par conséquent plus pindarique. Au reste, je ne propose cette observation qu'avec une juste défiance, puisqu'elle est contraire à celle de M. Heyne.

Dans les deux exemples, l'un de Xénophon, l'autre de Pindare, il y a, ce me semble, ellipse; figure qui disparoîtroit si l'on osoit dériver επμαι de ομαι et de επ, *je vais à la suite de.*

13. Επι σωμα. *Voyez* Pollux, *l. l.* — Εχοντι]. Εχον, et au-dessus π de la même main, à ce qu'il me semble, A. Εχων προσωεση, B. — Υπολαβειν σωμα, *prendre le corps en dessous.* Leonicenus traduit, *corpus adipisci non potest. Adipisci,* inélégant, et de plus ne rend nullement la force de υπο. On lit υπεβαλλειν dans Pollux. Kuhn a bien jugé en admettant υπεβαλλειν, mais il a mal traduit par *corripere, prehendere.*

16. Προτειναι]. Προσθειναι, quelques éditions. Προσθειναι, B, parce que η et ει se prononcent ι. Προτειναι, Estienne; et pour n'être pas de l'avis d'Estienne, Leunclave propose προστειναι. — Εντος της ωμοπλατης. L'omoplate étant un os très-dur, εντος signifiera, non *au-dedans,* mais *entre* les deux épaules. — Ἡ ἡ σφαγη]. Ἡ εσφαγη, A et B, d'où la version de Leunclave, *ubi vulneratus est.* Leonicenus, qui traduit, *quâ parte jugulum est,* a évidemment lu ἡ ἡ σφαγη. *Voyez* Pollux, *II.* Estienne cite, dans son Trésor, ce passage de Plutarque : εις σφαγην ὑων ωθυντες οβελους. — Οι κνωδοντες. *Voyez* Pollux, *l. l.*

17. Τεθνεωτος. L'aoriste exprimeroit le fait de l'action sans rapport à aucune époque déterminée ; le parfait détermine l'époque, et une époque récente : *il vient de mourir tout récemment.* Voyez ma Grammaire grecque, *I, 13.* — Τον οδοντα. Zeune pense que Leonicenus a lu τους οδοντας, parce qu'il a traduit *dentes,* et parce que d'ailleurs nous avons ensuite θερμοι et διαπυροι. Leonicenus a sans doute lu τον οδοντα, et aura traduit, *dentes,* parce qu'il voyoit, ainsi que Zeune, énallage. *Voyez* Pollux, *liv. V.* — Διαπυροι]. Υ et ει se prononçant ι, il ne faut pas s'étonner que B porte διαπιροι. Διαπυρον, quelques édit.

édit. — Περιεπιμπορα]. Περιεμμπορα, B ; περιεπωρα, anciens éditeurs, Alde excepté.

18. Και πλειω επι]. Επι manque dans B. — Ωθεις]. Ως θεις,
Junte ; ωθεις, Cast.; ωθεις, *renversé* d'un coup de son arme.
Cette arme, c'est évidemment son boutoir, mot que j'ai cru
devoir éviter. Dans tout ce chapitre, Xénophon est poëte, et
les poëtes évitent les mots techniques ; ils amusent l'imagi-
nation, ils veulent qu'on les devine. — Εκοντα ουν ου χρη]. B
porte εκοντα ουν χρη sans ου. — Ακων]. Ακον, A, et au-dessus
d'o un ω.

19. Αγκη]. Αγλη, Ald. Leunc. veut και τα αγκη. — Επι ταις
διαβ.... τραχεα. *In transitu saltuum ponuntur, ad nemora, ad
valles, ad clivos,* Leonicenus. J'ai été d'abord tenté de construire sans virgule επι διαβασεις ναπων εις τους. Je me suis enfin
décidé pour la construction de Leonicenus. — Ναπη. Je n'ose
garantir le sens que je donne à ce mot. *Voyez* V, 15. —
Εισβολαι δε, sous-ent. εισιν. Leunclave veut η εισβολαι εισιν, et
traduit, *ubi patent aditus ad &c.* Rien, ce me semble, à changer au texte. Après δε sous-entendez εις. — Οργαδας]. Οργας αδος
pour αργας αδος, dit Kuhn, signifie *terre inculte, terre où ne passe
point le soc de la charrue,* et, par extension, *terre consacrée ;* car
il n'étoit pas permis de cultiver un champ sacré ; témoin l'Athé-
nien Anthémocrite, qui fut tué par les Mégariens, à qui il
intimoit la défense de cultiver un champ sacré *(voyez* Suidas,
u mot *Anthémocrite).* Voilà l'idée que nous donne de ce mot
Pollux, *l. I, 10,* et *l. V, 14 :* mais *l. I, 228,* οργαδες s'entend
de terrains cultivés, ensemencés ; interprétation bien opposée
la première, et sur laquelle Kuhn garde le silence.

Selon Suidas, οργας s'entend d'une terre grasse et fertile,
d'une terre plantée d'arbres.

Il s'entend aussi d'une terre noire bien arrosée, selon Bentley. *Voyez* Callimaque de Spanheim, *p. 551.*

Ces diverses significations dérivent-elles de deux racines
différentes dans οργας, ou d'une signification primitive ignorée
des lexicographes ? c'est ce que je n'examinerai point ici : je

me bornerai à déterminer le sens de οργαδας dans Xénophon.
Ch. XI, 2, je traduis οργαδας par *bois* ou *bocages :* les bois sont
en effet l'habitation ordinaire des cerfs. Mais, dans le n.° 19 du
chap. X, je crois qu'il doit se prendre, avec Bentley, dans le
sens de *lieux humides,* sens indiqué par ἑλη et ὑδατα, et d'ailleurs
confirmé par le témoignage des naturalistes, qui disent que les
sangliers se plaisent dans les lieux humides et marécageux, où
ils trouvent des vers et des racines en quantité. *Voyez* Buffon,
t. VI, in-12, p. 300. Si ma conjecture est bonne, οργαδας ne
peut signifier *lucos,* bois sacré, ainsi que le veulent Leonicenus
et Zeune : encore moins signifiera-t-il *terres ensemencées.* Xénophon, qui, *ch. V, 34,* commande de les respecter, ne peut
recommander au chasseur d'y poursuivre un animal qui y feroit
beaucoup de dégât *(voyez* Buffon, *t. VI, p. 299, in-12).* Je finis
par une observation sur οργας traduit dans Pollux par *terre consacrée.* Suidas lui donne cette signification, mais en l'accom-
pagnant de ἱεραν. *Voyez* aussi Valesius *(ad notas Maussaci in
Harpocration, p. 125)* : οργας μεν κοινως πασα ἡ γη, ὁση επιτηδεια
προς καρπων γονας. Οργαδα δε ιδιως εκαλουν οἱ Αθηναιοι την των θεαιν
ανειμενην της Ατλικης μεταξυ και της Μεγαριδας. C'étoit dans ce lieu,
appelé οργας, que l'on jetoit les sacriléges et les traîtres qu'il
n'étoit pas permis d'enterrer dans l'Attique ; témoin Pausanias,
qui ne fut inhumé dans l'Attique qu'à l'insu des Athéniens.
Car, dit Thucydide *(I, 138, 6),* il n'étoit pas permis de l'en-
terrèr, parce qu'il avoit été exilé pour crime de trahison. —
Επαγουσι. De επαγω, επακτηρ, *chasseur.*

21. Πεγσιεναι τα προβολια]. Zeune soupçonne que Xénophon
a écrit προιεναι, qui se dit de *emittendis jaculis :* mais ici il ne
s'agit point de décocher des traits ; le προβολιον n'est pas un
trait qu'il faille lancer, c'est une arme qu'il faut bien tenir et
bien défendre. « Prenez garde, dit Xénoph. *(n.° 12),* que, par
» un mouvement de tête, il ne fasse sauter l'arme des mains ;
» il est aussitôt sur l'homme. » Xénophon n'a donc pas dû
employer le mot προιεναι, *décocher,* mais celui de χρηθαι, *se
servir,* comme au n.° 22. Il faut donc lire, non προιεναι, mot

impropre, mais προσιεναι, qui se lit dans les deux mss., et qui d'ailleurs, même à l'actif, se trouve dans le sens d'*admettre, employer*. Nous lisons (Anab. *IV, 5, 5*) ου προσιεσαν προς το πυρ τους ο ζοντας, *ils n'admirent pas les traîneurs à leur feu.*

22. Ουκ αν δια γε ορθως ποιειν παχοι]. Sans ces mots, qui manquent absolument dans B, la phrase est intelligible : on pourroit citer des exemples d'ellipses aussi fortes. — Τοποις. Voyez *chap. IX, 11* et suiv. — Αι προσοδοι , *aditus*, l'action d'aborder le sanglier. *Ch. XII, 2, εν ταις προσοδοις,* quand il s'agira d'aborder l'ennemi. Au figuré, προσοδοι, *revenus.* Ch. I, 2 ; II, 1 et 7 du Traité περι προσοδων. Nous retrouvons le προσοδοι de Xénophon dans ce vers 334 de Gratius :

> *Quod nisi et accessus et agendi tempora belli, noverit.*

Voyez sur ce vers la note de Vlitius.

23. Νεογενη]. Νεογνη dans les anciennes éditions. Estienne propose νεογενη ου νεογνα, qui se trouve *V, 14; IX, 1.* Je crois devoir préférer νεογενη, leçon des deux mss. — Μονουται]. Au lieu de lire μονουνται avec Estienne, je conserve μονουται avec Zeune, en donnant à ce verbe τα νεογενη pour sujet. — Εως αν μακρα η, *jusqu'à ce qu'ils soient grands.* Leunclave lit μικρα, tant qu'ils sont *petits.* — Οταν τε]. Ουταν, A. — Ων αν ωσιν, *ubicumque fuerint.* Leonicenus, qui traduit ainsi, a donc lu ου ou οπου. Zeune conserve ων αν ωσιν, et traduit, quorum *nempe* catulorum *sunt superstites parentes.*

CHAPITRE XI.

1. Λεοντες]. Sur les lions, les pardalis, les panthers et les ours, *voyez* mes Observations sur le Traité de la chasse, et *Athénée* de Vil. liv. IX, p. 521. — Τ' αλλα. *Voyez* Pollux, *V;* Arrian, *ch. 24;* Ælien, Anim. *VII, 6.* — Πινδω]. Πιδω, A.

2. Φαρμακω.] *Voyez* Callimaque de Spanheim, D. v. *85;* Pollux, *liv. V;* Oppien, Cynég. *IV, 77.* — Οτω αν εκαστον. *Voy.* Ælien, Anim. *XVII, 31.* — Περση]. Περση de B me paroît tout

aussi bon que ϖροσιη. Quoi qu'en disent Estienne et Zeune, je ne vois pas de différence entre l'un et l'autre. — Εν τη .νυκτι]. Εν manque dans B.

CHAPITRE XII.

1. Ταδε, sous-entendu κατα τα ονｌα.

2. Απεργυσιν]. Απεργυσιν dans Stobée. Je préfère απεργυσιν, plus exquis, et leçon des deux manuscrits. Απεργυσιν, de απερω ou de απιερω pour ceux qui veulent des seconds futurs. Ειερω ου ιερω, je dis, απιερω, je me dédis.

3. Καρτερειν]. Κρατερειν, Cast., Hal. et B.

4. Και αυｌοι dans mes deux manuscrits.

6. Οι ϖρογονοι ημων... ενομισαν, *nos ancêtres, même dans les premiers temps où ils n'avoient que de foibles récoltes (1), ont ordonné de ne pas empêcher les chasseurs, parce qu'ils n'en veulent pas aux productions de la terre.* En traduisant ainsi, on évite de recourir à l'ellipse δειν, *oportere*, ellipse que je crois inadmissible, et de plus on évite un contre-sens. En effet, νομιζω ne peut signifier ici, *judicare, existimare* : il s'agit, non d'une simple opinion, mais d'une loi des ancêtres. Dans le numéro suivant, nous avons μη νυκτερευειν : on sous-entend ενομισαν ; et M. Weiske, qui me fait l'honneur de me citer, approuve le sens que je donne à ενομισαν, mot où j'ai vu renfermée, non l'idée d'opinion, mais celle de loi.

Dans l'Économique, *XVII, 9,* Socrate dit à Ischomaque, τω μεν οινω νομιζω τω ιορεστερω πλειον επιχειν υδωρ; et n.° 11 du même chap., Ischomaque dit à Socrate : νομιζεις τοις αδενεστερις πασι μειω ϖροσαｔｌειν ϖραγματα. Dans ces deux exemples, M. Sturz traduit par *soleo*, et ajoute, *in utroque loco rectius videtur intelligi*

_____

(1) L'Attique, pays montueux et infertile, seroit peut-être restée à jamais une contrée pauvre et mal peuplée, si la sagesse de Thémistocle ne fût venue au secours de la nature, et n'eût deviné ses vues. *Voyez* Xénophon, *chap. I* des Revenus de l'Attique; *voyez* surtout M. Meiners, Hist. des sciences dans la Grèce, *t. III.*

δειν. Pour moi, je n'admettrois point l'ellipse δειν, et je traduirois νομιζω, non par *soleo*, mais par *æquum existimo, jubeo æquum censeo, quasi lege sancio, decerno*. En conséquence, je proposerois de traduire ainsi les deux phrases : *Ischomaque, je me fais une loi, un système de verser plus d'eau dans un vin plus fort ;* et, *Socrate, tu penses juste de charger un homme foible d'un moindre fardeau*. Dans Thucydide, *II, 38, 1*, nous avons νομιζοντες. Gottl. et Bauer sous-entendent χρησθαι après ce mot ; mais cette ellipse de χρησθαι n'est pas plus nécessaire dans Thucydide, que celle de δειν dans Xénophon. *Voyez* mes Observations critiq. sur Thucydide, *II, 38, 1 ; III, 82, 4*, et mon Mémoire sur Thucyd. *p. 122.*

7. Μη νυκτερευειν. Encore une loi relative aux chasseurs.

8. Ευτυχουντες ηθανοντο. Les Latins ont dit de même, *sensit medios delapsus in hostes.*

9. Αφαιρουνται]. Αφερουνται, B. Αι et ε se prononçoient de même. — Ενκυξησαν, Alde et Est. Ενκυξησαν, Junte et Alde : de là εγκυζησαν dans Castal., qui en marge écrit ενεπυλησαν.

10. Ου χρη μανθανειν, *non oportet discere*. Χρη sans ι souscrit, ne doit pas se confondre avec χρη̃ ayant ι souscrit, et venant de χραω, αεις, αει, et par contr. χρα ou χρη avec ι souscrit. Au reste, même sans ι souscrit, quelques grammairiens disent χρη, de χραω. Ainsi ζαω, *je vis*, ζαεις ou ζης, *tu vis*, ζαει ou ζη, *il vit*, &c. Ces formes, χρη, ζη, πεινη, pour χραει, ζλαει, πειναει, sont doriques, et des Doriens ont passé aux Attiques. Nous avons dit χρη, ζη, πεινη sans souscrire l'ι, parce que les Doriens l'ôtent avant la contraction. *Voyez* Lennep, Gramm. gr. de Port Royal, *p. 225, 9.*ᵉ édition : racine, χραν (contracté de χραειν), *prête, prédit, perd, colore*. — Nous venons d'expliquer χρη venant de χραω : disons un mot de χρη, *il faut*, venant de χρημι : sa 3.ᵉ pers. est χρη, selon l'usage ; selon quelques-uns (*voy.* Lennep, *p. 1122*) χρη̃ est un adverbe ; selon d'autres, χρὴ est pour χρει, et vient de l'ir. χρεω, probablement contracté de χρεω (rac. χειρ, *manus*), *ad manum sum, ad usum sum, usui sum.*

D 3

« *Verbum* χϱεω, dit Scheid., *reverà hoc significatu polluisse probat futurum* χϱησω. *Itaque* χϱη *verti potest, usui inservit, usus est, opus est, oportet.* » Voilà l'opinion de Scheid. Mais nous lui préférerons celle d'Apollonius Dyscolus, qui s'exprime ainsi dans un traité inédit περι επιρρηματων, dont nous devrons bientôt la publication au savant M. Bast. *(Voy.* le manuscrit d'Apollonius, n.° 2548, *fol. B, 119.)* « Χρημι, ἡς το τϱιτον πϱοσωπον εςιν χϱησι, καϑοτι και παϱα το φημι, φησι. Και ὁν τϱοπον Ανακϱεοντι το φησιν αποκοπεν, φη εγχνετο (σε γαϱ φη Ταϱγηλιος), τον αυτον τϱοπον και το χϱησι χϱη εγχνετο αποκοπεν. » Ce morceau inédit nous apprend nonseulement que χϱη est par apocope pour χϱησι, mais de plus nous met à portée de corriger le quatrième fragment d'Anacréon, qui nous est parvenu mutilé. *(Voyez p. 138* de mon Anacréon *in-4.°)*

La note d'Apollonius sur χϱη, se trouve répétée dans son *De Syntaxi* (III, 15, p. 237, *ed. Sylburg.* Francof. 1590), et citée par Paw, *p. 305* de son édition d'Anacréon. Nous allons la transcrire, non mutilée, telle que la donne l'éditeur d'Apollonius, mais exquise, telle que l'offre le précieux manuscrit d'Apollonius, n.° 2548, *fol. B, 60,* dont le savant et modeste M. Bast nous fait espérer une édition.

Και δη παϱειπετο τω χϱω παϱαγωγη του χϱημι, ως φημι· αφ' οὑ τϱιτον πϱοσωπον χϱησι ως φησι· εξ οὑ το χϱη (το χϱη manquent dans l'édition d'Apollonius) εν αποκοπη απετελειτο ὁμοιως τω (il faut sous-entendre φη) παϱα Ανακϱεοντι· σε γαϱ φη Ταϱγηλιος εμμελως διοκειν.

L'éditeur d'Apollonius fait, sur les mots σε γαϱ Ταϱγ. κ. τ. λ., la note suivante : *In iis carminibus Anacreontis quæ nunc existunt, nihil tale legitur, nec ego divinare possum quid sibi velint hæc verba.* S'il avoit connu le texte que je viens de citer, il n'eût certainement pas hésité.

Ου Χϱη μανϑανειν]. Μανϑανειν *discere.* A la suite de cette signification connue, rappelons celle de *divinare, rem attingere.* Si Scheid. n'avoit pas dérivé μανϑανω de μαω, *inquiro,* et μαντης, *vates,* de μανω, *furo,* quelques grammairiens seroient tentés de regarder μαντης, *devin,* et μανϑανω, *apprendre, deviner,* comme mots de même famille. Pour fortifier ou du moins aider à retenir l'acception de μανθανω , *deviner*, rappelons que , dans les livres de droit, les mots *mathématicien* (mathématiques, de μαθημα, *science par excellence*, rac. μαθω, *disco*) et *devin, astrologue, sorcier*, sont presque synonymes. *Voyez* dans Thucyd. *I, 140, 1,* αμαθως, *d'une manière difficile à pénétrer.*

12. Τα χειρω. Voyez *XIII, 10;* βελτιω opposé à χειρω y rappelle le *video* meliora *proboque*, deteriora *sequor.*

13. Αναισθητως]. Ανεσθητως, A. Αι et η même prononciation.

15. Παραχοντες]. Παχοντες, A. Je préfère παραχοντες à παρεχοντες d'Estienne et de Brodeau , parce qu'il est plus près de παχοντες. — Αὑτοις μεν]. Αυτοι μεν, Brodeau. — Ακαιροις]. Ακεροις, B. Αι et ε même prononciation.

16. Θεοσεβεις]. Θεοσευεις, B. *Voyez* VII, 5, à ηβα.

17. Ουδεν]. Ουδε, anciennes éditions ; ουδεν dans les deux manuscrits. Leonicenus a traduit ουδεν. — Εχοι, A ; εχει, B. Οι et ει même prononciation. — Αμεινονων]. Αμεινον, Junte.

18. Εφωσι]. Ερωσι, Junte. — Ὁτι δε δια πονων]. Ὁτι δε ει μη δια πονων ουκ εστι τυχειν, ou ὁτι δε αλλως η δια πονων : autant de corrections inutiles , comme l'observe très-bien Zeune.

19. Κατεργασασθαι]. Κατεργασεσθαι, Leunc. ; faute d'impression. — Σωμα αυτης]. Η et οι se prononçant ι, on explique facilement pourquoi les uns ont lu αυτης , les autres αυτοις. — Ἡτιον αν]. Αν ἡτιον, Junte, Alde, Bril. *I,* et A.

20. Εχομενου]. *Voyez* Symp. de Platon, *ch. 6.* — Αιρρα]. Ειρρα, A. — Εκεινου]. Εκεινων, quelques éditions et A.

21. Αθανατος]. *Voyez* Xénophon, Mem. *II;* Hercule de Prodicus. — Απμαζει]. Απμαζεν, Junt., Hall. et Bryll.

22. Ειδοιεν]. Ειδειεν d'Estienne tout aussi bon. Οι et ει même prononciation. — Κατεργαζοντο αν]. Κατεργαζοιντο αν, B.

CHAPITRE XIII.

1. Sur les sophistes, *voyez* ma Philos. de Socrate; Banquet de Xénophon ; ses Memorab. *I, 6;* Isocrate, Éloge d'Hel.; Platon, sur les sophistes; M. Meiners, *t. III, p. 254* et suiv.

2. Κεναι]. Αι et ε se prononçant de même, on explique encore pourquoi καιναι dans quelques éditions et dans les deux manuscrits. Leonicenus a lu κενα, puisqu'il traduit *inutiles*. En lisant καιναι, je traduirois, écrits *frivoles* qui offrent aux jeunes gens le plaisir de la nouveauté. — Διατριβην]. Διατριβειν dans les deux manuscrits. Ει et η même prononciation. — Ετερων]. Επιερων, anciennes éditions. Αι et ε même prononciation. Sur cette permutation, *voy.* Alberti, Observat. philolog. *p. 452.*

3. Εχουσαι]. Εχουσι, Leunclave. — Παιδευοιντο]. Παιδευειντο, B. Οι et ει même prononciation.

4. Το αγαθον]. Junte, Alde, et A, τον αγαθον. C'est cette leçon que j'ai suivie dans ma traduction et dans le texte.

5. Ουδε γαρ]. Ουδε ζητω, A, et en marge γαρ sans le signe γρ. — Καλως εχοιεν]. Κακος, Junte et A.

6. Λανθανει δε με, ότι καλον και εξης γεγραφθαι. Leunclave propose ότι καλως τα δε εξει μη γεγραφθαι, *Nec me latet quòd præstaret hæc à me scripta non esse.* Sans rien changer à ce passage difficile, que Fr. Portus juge altéré, voici l'explication que je propose : *Il est bon de s'occuper des mots, de l'élégance du style, mais il est bon aussi de mettre de la liaison dans les idées* (και εξης). Les deux mss. donnent καλως. Si cette leçon est bonne, nous traduirons littéralement : *Non me latet quale sit aliquid eleganter et cum serie scriptum esse :* je sais de quelle importance il est qu'un ouvrage soit écrit élégamment et avec suite, c'est-à-dire, offre élégance et suite dans les idées. Ce passage est probablement un de ceux qui déplaisoient à Valk., et qui faisoient soupçonner à cet érudit que plusieurs des traités de la collection de Xénophon étoient faussement attribués à celui-ci. Γεγραπlαι en marge de A. — Ραδιον γαρ εςαι αυτοις ταχυ μη ορθως, *erit enim eis facile et citò et non rectè reprehendere,* Leonic. *Nam ipsis erit aliquid citò, licèt non rectè, reprehendere.* Leunc., en traduisant ainsi, lit ταχυ τι, μη ορθως. Aucun de ces deux commentateurs ne me semble présenter le véritable sens. Voici la construction que je propose : ραδιον γαρ εςαι (sous-ent. εμοι)

μεμψασθαι αυτοις ταχυ (το) μη (sous-ent. γεγραφθαι) ορθως , *car il
ne sera plus facile de prouver promptement aux sophistes que leurs
écrits manquent de rectitude.* Je fais dépendre αυτοις, non de ραδιον,
mais de μεμφομαι. On dit μεμφομαι τινι et τινα. Au §. 6 nous avons
εμφομαι αυτοις. Το γεγραφθαι régi par μεμψασθαι. L'ellipse de το
ne peut arrêter ; on en a mille exemples. Μεμψασθαι αυτοις ταχυ ,
*le les accuser promptement, de procéder promptement dans mon
accusation, de leur objecter, de leur prouver promptement que, &c.*
ταχυ το, ou τα μη ορθως , d'après une note manuscrite trouvée
par Zeune en marge de son édition d'Estienne. Brodeau, au
lieu de ταχυ , voudroit ταχα. Voici la version de Zeune : *Quam-
quam non ignoro, verborum elegantiam spernendam negligendamque
non esse : nam facilè, illâ neglectâ, possunt ipsas sententias reprehendere.*

7. Και τοι γεγραπται γε ουτως ινα ορθως εχη , sous-ent. γραμματα ,
me ita scriptum est, ut scripta mea rectè sese habeant, pour *sint
recta,* pour qu'il y ait de la rectitude dans mes écrits. — Ανεξε-
λεγκτα]. Anciennes éditions; ανεξελικτα, B. Le second ε y est
effacé.

8. Επι το εξαπαταν]. Τω, Estienne ; correction gratuite. Επι,
exprimant la cause, se construit avec l'accusatif. *Voy.* l'Agésilas
de Xénophon, *II, 25.* Επι το πυριζειν ταυτα εαυτον εταξε, Z. —
υδε γαρ σοφος]. Ου γαρ σοφος, B. — Αρκει]. Αρχειν, ancienne édit.
— Τοις ευ φρονουσι. Des anciens éditeurs Junte seul conserve
ις, que j'ai dans mes deux manuscrits.

9. Παραγγελματα σοφιςων opposé élégamment à φιλοσοφων ενθυ-
ματα. L'orgueilleux *sophiste ordonne,* παραγγελματα ; le vrai
philosophe offre *le fruit de ses méditations,* ενθυμηματα.

10. Μη ζηλουν δε μηδε τους]. Τους manque dans B. Fr. Portus
croit bien à tort que Xénophon a ici Platon en vue. — Μηδ'.
ιτ'.]. Μητε et μηδε s'emploient indifféremment (*voyez* Dorvil.
sur Char.) ; ainsi μητε doit rester. — Βελπω et χειρω. *Voyez* XII;
2. — Μεν επι. Sur la répétition de μεν dans le même membre
de phrase, *voyez* Dorville sur Char. *p. 561,* Zeune. — Τ'εισιν,

Bryl. *3*, lit δε au lieu de τ', probablement induit en erreur par l'antécédent μεν, Z. — Οἱ δε κακοι. Tels que Critias et Alcibiade, Fr. Portus.

11. Ταϛ τε]. A ταϛ τε répond τα τε du membre suivant. — Τα τηϛ πολεωϛ]. Ταϛ τ. π., Estienne. — Ανωφελεϛεροι εισι]. Ανωφελεϛεροι τ' εισι, B. — Κτηματα καλωϛ εχοντα. Littéralement : *des possessions, des propriétés en bon état.* Κτηματα dit bien plus que χρηματα, qui ne désigne que des richesses usuelles.

12. Και οἱ μεν επι τουϛ φιλουϛ. Ces six mots manquent dans mes deux mss. J'ai cru devoir adopter l'ingénieuse restitution de Leunclave. Φιλουϛ, qui précède, aura probablement occasionné une lacune.

13. Σοφωτεραι]. Σοφοτεροι, B. — Επιμελειαιϛ]. Επιμελιαιϛ. Ει et ι même prononciation. — Και εν τη αὐτων]. Εν manque dans B. — Κρατησῃ]. Κρατησει, A. Ει et η même prononciation.

15. Εχθρουϛ]. Εχθουϛ, B.

17. Λογοι γαρ παλαιοι κατεχουσιν, *d'anciennes traditions nous assurent.* Cette pensée de Xénophon nous rappelle que, dans les temps anciens, les Grecs n'avoient pas d'historiens. La tradition orale, le témoignage des vieillards, y suppléoient. Ainsi, dans Virgile, au moment où l'oracle a parlé, les Troyens s'interrogent l'un l'autre, se demandent quel est ce pays où il faut se rendre selon l'ordre d'Apollon : Énée alors se rappelle le témoignage des vieillards, *tum genitor, veterum volvens monumenta virorum. (Voy.* Thucyd. *l. I, 72.)* C'est un fait consigné aussi dans ce vers 100 de la VII.ᵉ Olymp. de Pindare : Φαντι δ᾽ ανθρωπων παλαιαι ρησιεϛ. (*Voy.* l'excellente note du vieux scholiaste de Pindare, ou celle de Benoist, qui a lu le scholiaste.) Leonicenus traduit, λογοι π. κατεχουσιν, *fama enim antiquitus tenet.* Il s'agit ici, non de renommée, mais de tradition. Κατεχουσιν de Xénophon a la même force que le φασι de Pindare. Φασι ne signifie pas simplement *disent (aiunt)*, mais *prétendent.* Ce n'est pas un bruit vague, c'est une tradition antique et vénérable qui domine, φασι, κατεχουσι. Benoist traduit φασι par *narrant.* Φαμι

dit bien plus. De φαμι vient φατις, ιος, qui signifie souvent *oracle*, et souvent, (comme dans Œd. T. de Soph. v. *734*, éd. de Vauv., et *v. 715*, éd. de Brunck) *Fama*, renommée, tradition orale. *Voyez* le scholiaste de Soph., Œd. T., sur la signification de φατις. — Ευσεβεις τους νεους]. Εις τους νεους, anciennes éditions. Zeune supprime εις d'après l'autorité d'Estienne, de Brodeau et de Leonicenus. A ces autorités joignons celle des deux mss.; aucun ne porte εις. — Θεων του]. Του avec le circonflexe dans quelques anciennes éditions. Του à supprimer, selon Brodeau. Je le conserve d'après mes deux manuscrits. — Των πολιτων και φιλων]. Των φιλων και πολιτων, B.

18. Η θεος ταυτα Αρτεμις]. Αρτεμις étant déesse, construisons ce mot avec η θεος. Leonicenus ne reconnoît point cette hyper-bate, et traduit : *Quibus hæc deus tradidit, ut Diana, Ata-lanta, &c.* — Προκρις]. En lisant un scholiaste de Callimaque, on seroit tenté de croire que c'est *Procné* qu'il faut lire : mais Spanheim (*v. 209* et *210*, Hymne à Diane) prouve très-bien que Procris seule est la femme de Céphale ; Procné étoit femme de Térée. Xénophon nomme Atalante avec Procris : Callimaque ne les sépare pas plus ; il nomme Atalante au vers *215*, et au vers *209*, Procris et non Procné, femme de Céphale. — Η θεος, *Diane*. Il ne sera point hors de propos d'expliquer ces mots θεος, Ζευς, et autres. Ζευς, gén. Διος. *Jupiter*, le plus grand des dieux, s'appeloit Ζευς, Ζην, Ζαν, Δις, Διος. Ζευς, éolique, est pour Δευς (d'où le *Deus* des Latins) ; car les Eoliens em-ploient le Ζ à la place de Δ (1). *Voyez* Lennep, *p. 309*. Au lieu de Δευς, terminaison éolique *(l.l.)* qui remplaçoit la termi-naison ος, les Athéniens disoient θεος, et les Lacédémoniens, σιορ. Or, le dialecte laconique, ainsi que l'éolique, dérivoit du dorique ; de tout ceci concluons qu'entre ces mots et θεος il existe de grands rapports de ressemblance, ou plutôt qu'ils sont tous un seul et même mot, dont les dialectes amènent les variétés.

_____

(1) Ainsi au lieu de φραδω (*voyez* επεφραδε, Hom. *Il. XVIII, 9*), ils disent φραζω, dont le primitif est φραω.

Dans l'usage cependant, Θεὸς signifie un dieu en général, et Ζεὺς, *Jupiter*, le premier des dieux. Ainsi que nous l'avons déjà remarqué, on a dit d'abord Δεὺς, ensuite Σδευς, et enfin Ζευς.

Ζευς offre un grand nombre d'acceptions ; j'en indiquerai plusieurs, remarquées par M. Dupuy à l'une de ses séances : Ζευς signifie *Jupiter*, l'ame universelle du monde, le Soleil (comme Junon signifie *la Lune*), l'*Æther*, l'Air, le chef de tous les dieux ; et lorsque, dans les ouvrages non astronomiques, les anciens le désignent comme planète, ils semblent employer le mot ασηρ en grec, et *stella* en latin. Ainsi ασηρ δίος, et non Δις ou Ζευς. Dans le cours de ses observations, M. Dupuy eut occasion de citer le passage suivant d'Horace, *liv. II, ode 14 :*

> . . . . . *Te Jovis impio*
> *Tutela Saturno refulgens*
> *Eripuit, volucrisque fati*
> *Tardavit alas.*

Dans ces vers, mal expliqués par les commentateurs, *Jovis tutela* signifie *la protection exercée par* Jupiter *dans l'une des maisons astrologiques, appelée* la Bonne Fortune, αγαθη τυχη, et consacrée à Jupiter. On traduira donc : *la Bonne Fortune vous a arraché au tombeau ;* pourquoi ! *parce que Saturne présidoit au bas du ciel*, ou *à la maison présidée par Saturne.* Voyez Manilius, *liv. II, 865 sq.*, entrant dans les détails du système astrologique des anciens, et même liv. *910 sq. ;* et Jo. Scalig. *Notæ in primum Isag. Manilii,* p. 182 : on y voit les douze lieux astrologiques, δωδεκατοπυς, à partir de l'horoscope. *Tutela Jovis,* le même que αγαθη τυχη, est au onzième lieu, et *Tutela ditis* ou *Saturni,* est au quatrième lieu, appelé ὑπογειον, *subterraneus locus.*

Pour expliquer cette idée, *la Bonne Fortune vous a arraché au tombeau,* Horace recourt à une forme astrologique ; et il étoit bien sûr d'être compris par les Romains de son temps, parce qu'alors l'astrologie étoit en vigueur. Il a été inintelligible pour les interprètes modernes, parce qu'ils n'ont pas consulté

Manilius, et sur-tout parce que chez nous l'astrologie est jus-
ement discréditée. — Καɪ ɛɪ τɪϛ αλλη], *et si quæ alia.* Ɛɪ τɪϛ, *si
uis*, s'emploie souvent pour όϛɪϛ, de même que ɛɪ ποɪ, pour όποɪ.
'oyez Obs. Thucyd. *I, 53, 3.* A l'occasion de Καɪ ɛɪ τɪϛ αλλη, *et
: quæ alia* pour *quælibet alia*, faisons une remarque sur les
articules ɛɪ καɪ et καɪ ɛɪ, que nous avons souvent rencontrées
ɪns en parler. Sont-elles synonymes? non, répond M. Her-
nann. Καɪ ɛɪ se dira d'une chose que nous supposons vraie,
x. Καɪ ɛɪ αϑανατοϛ ην, *etiam si immortalis essem ;* et ɛɪ καɪ, d'une
hose que nous ne supposons pas, mais que nous admettons
omme vraie, ex. Ɛɪ καɪ ϑνητοϛ ɛɪμɪ, *quanquam mortalis sum.*
'oyez Idiot. de Viger, *pag. 792 ; voyez* aussi Hoog. sur ɛɪ καɪ
t καɪ ɛɪ, *pag. 349* et *350.* Ce savant, *pag. 350, n.° 3*, cite un
xemple de καɪ ɛɪ employé par Homère, où le poëte pouvoit
ɪssi-bien dire ɛɪ καɪ. En supposant invariable le principe mis
ɪ avant par M. Hermann et autres, ajoutons que lorsque ɛɪ
y, qui se dit d'une chose vraie, s'emploie hypothétiquement,
se construit alors avec l'optatif ; ex. Ɛɪ καɪ ήμɪν παρατɛɪνοɪτο ϭου
οφλημα, Lucien, Dial. des morts, *pag. 18* de mon édit. de
806. En finissant cette note, je vois dans Thucyd. *II, 63, 2,*
καɪ suivi, non d'un optatif, mais d'un présent, ɛɪ τɪϛ καɪ τοδɛ
τῳ παρονπ αϭφαγμοϭυνη ανδραγαϑɪζɛται, quoiqu'il s'agisse non
une chose certaine, mais d'une chose seulement infiniment
robable ; et plus bas, même numéro, je trouve καɪ ɛɪ dans un
ns également hypothétique, mais suivi d'un optatif, comme
ɪns l'exemple de Lucien.

OBSERVATIONS

SUR LES CYNÉGÉTIQUES

O U

TRAITÉ DE LA CHASSE.

OBSERVATIONS PRÉLIMINAIRES.

Pour lire avec fruit les *Cynégétiques*, il importe avant tout de connoître et le but politique de Xénophon, et les circonstances dans lesquelles il composa ce Traité. Athènes, alors épuisée par la guerre du Péloponnèse, touchoit au moment de sa décadence : indifférente sur ses malheurs, dominée par le luxe et la mollesse, elle songeoit peu à se défendre contre les ennemis extérieurs qui la menaçoient. Un des moyens de tirer de sa léthargie ce peuple dégénéré, étoit de le rendre à ce goût pour la chasse qui avoit signalé ses aïeux. Mais la chasse étant moins alors un simple amusement qu'un dur apprentissage du métier des armes, qu'une véritable image de la guerre, pouvoit-on lui proposer cet exercice avec quelque espoir de réussir? C'est pourtant ce que Xénophon entreprend. En orateur habile, il cache ses conseils sous des fleurs: il embellit ses préceptes, il parle à l'amour-propre des Athéniens, il excite leur orgueil national, il rappelle à leur souvenir ces beaux jours où la Grèce rendoit les mêmes honneurs aux chasseurs et aux athlètes couronnés dans ses jeux immortels; il leur nomme les héros qui ont honoré leur pays, et qui étoient tout-à-la-fois enfans de Latone et de Mars; et lorsqu'il croit, dans un poétique et

brillant exorde, se les être rendus favorables, il entre en matière, et s'applique à leur rendre la chasse agréable. Et certes
tout devoit inspirer son génie, puisqu'il écrivoit probablement (1) à Scillonte (2), sur les bords d'une rivière abondante
en poissons et en coquillages (3), dans le voisinage du mont
Pholoé, à peu de distance du temple de Jupiter Olympien,
et près de la statue même de Diane. Les pays que je viens de
nommer ne sont pas de la domination athénienne : Xénophon
étoit exilé, et c'est une ressemblance que le naturaliste Oppien,
autre panégyriste de la chasse, avoit avec lui.

A la suite de détails curieux sur les filets et les divers instrumens du chasseur, notre auteur offre des descriptions anatomiques remarquables par leur précision, d'excellentes observations sur la manière de perpétuer les bonnes races, sur le
choix des lices, sur l'éducation de la famille naissante et les
travaux des chiens, sur les noms qu'il convient de leur donner
pour les rappeler plus facilement et les remettre sur la voie.
En les lisant, on oubliera plus d'une fois l'écrivain didactique ;
on croira errer dans la solitude des forêts, dans les retraites
paisibles des jardins de la nature. Ici j'aperçois un cerf à la
taille élégante, aux rameaux superbes ; les chasseurs et les
chiens le poursuivent : *vieilli dans la feinte* (4), il emploie ce
qu'il a de ruses, il passe et repasse sur la même voie, il s'éloigne, monte, redescend, croise sa route ; mais bientôt, épuisé
de fatigue, il se présente à tous les javelots. Là un autre cerf
rencontre un *podostrabe* (5) ; il y tombe, il l'emporte avec lui :

(1) Plutarque, Traité de l'Exil.
(2) Donnée à Xénophon par les Lacédémoniens. « Les environs
» de Scillonte, dit Pausanias *(Hell. V, 6)*, sont favorables à la
» chasse ; on y trouve quantité de cerfs et de sangliers. »
(3) Le Sellenonte, selon d'anciennes éditions, ou Selenonte,
selon un manuscrit de la Biblioth. impér. *Voyez* Anab. traduit par
M. Larcher, *t. II, p. 26.*
(4) *Voy.* la chasse du cerf dans *l'Homme des champs* de M. Delille.
(5) *Podostrabe* (de ποδὰς ϛρεφειν), entrave, piége où s'embarrassent
les pieds du cerf poursuivi par les chasseurs. *Voyez* les notes, *IX, 15.*

le bois du piége lui blesse, lui ensanglante la figure ; saisi d'effroi, il fuit la terre qui le trahit, et s'élance dans l'onde. Plus loin je vois un jeune levraut traînant sur la terre ses membres encore tendres : en l'honneur de Diane, le chasseur laisse libre ce nouveau-né. Sa piété va recevoir une juste récompense : déjà ses chiens ont découvert un lièvre qu'il est glorieux de poursuivre ; ils en avertissent le chasseur par le mouvement de la tête et des yeux, par les changemens de position du corps : leurs esprits exaltés, les transports de la joie, tout annonce qu'ils touchent au moment de la victoire.

Nous arrivons aux chapitres X et XI. La scène a changé. Il ne s'agit plus d'animaux innocens, foibles, timides ; c'est contre un sanglier, contre un redoutable lion, contre un féroce panther que vont se mesurer les chasseurs. Ils s'arment de haches, d'arcs, de javelots, d'épieux, de massues. Déjà les filets sont tendus, les piéges préparés. L'artifice de la surprise, la vivacité de l'attaque, l'ardeur de la poursuite, tous les moyens d'inquiéter, de harceler, de forcer l'ennemi, vont frapper nos regards. Ce qui amenera Xénophon à cette conclusion, que la chasse est l'école agréable de la guerre, puisqu'on y apprend à manier les chevaux et les armes ; puisque l'adresse, l'intelligence, la légèreté du corps, une bonne constitution, s'acquièrent à la chasse et se portent ensuite à la guerre ; puisque la chasse forme le coup-d'œil, accoutume à juger des distances et de la nature d'un pays, endurcit à la fatigue, et donne un corps robuste, une ame forte et le goût de la vertu.

Dans tous ses autres ouvrages, Xénophon montre l'homme d'état ; mais dans celui-ci, ainsi que dans son Hippiatrique, le meilleur, en ce genre, des écrits de l'antiquité, ne peut-on pas dire qu'il annonce de plus le naturaliste ! Si ce nouveau titre de gloire lui appartient, on doit s'étonner qu'il ne lui ait point été déféré par le Pline des François ; on doit s'étonner que Buffon appuie si souvent ses observations du témoignage d'Oppien, qu'il aille même jusqu'à dire qu'avec le témoignage
d'Oppien,

d'Oppien, une probabilité devient une certitude (1), tandis qu'il ne cite pas une seule fois Xénophon, modèle du poëte grec, et peut-être son maître.

En vain Oppien nous dit que des sentiers battus il détourne ses pas (2); en vain il parle, comme Virgile (3), de sentiers nouveaux qu'a frayés son audace : plus d'une fois il trahit son secret, et l'on voit qu'il cède plus souvent à l'inspiration de Xénophon qu'à celle de Diane.

Xénophon, dans son brillant exorde, parlant le langage des poëtes, annonce que la chasse est une invention d'Apollon; Oppien, se conformant à cet usage (4) de rapporter à une divinité l'invention de chaque art, dit que jadis un dieu fit présent aux mortels de trois sortes de chasses (5). Xénophon partout recommande la chasse, non comme un simple amusement, mais comme un apprentissage du métier des armes; Oppien, s'emparant de cette idée, se plaît à la reproduire (6). Parle-t-il les qualités du chasseur (7), ou de son costume (8), il rappelle à tout moment son modèle. Décrit-il le chien courant (9), il

---

(1) *T. VI* des Quadrupèdes, édit. *in-12.*

(2) Τρηχιαν επιςιβωμεν απαρπον, την μιρρπων ουπω ης εης επατησεν οιδαις, Cynég. *I*, 20 et 21. Ainsi Lucrèce, *liv. IV, 1, Avia Pieridum eragro loca, nullius ante trita solo.*

(3) *Juvat ire jugis, qua nulla priorum Castaliam molli devertitur rbita clivo.* Georg. *III, 291.*

(4) En voici des exemples : *La chasse est une invention d'Apollon,* Xénoph. *I, 1; Jadis un dieu fit présent aux mortels de trois sortes de hasses,* Opp. Cyn. *I, 47.* Xénophon par-tout recommande la chasse, on comme un amusement, mais comme un apprentissage du métier es armes; Oppien, s'emparant de cette idée, l'énonce, *v. 84,* et la produit plus d'une fois.

(5) Cynég. *I, 47.*

(6) Cynég. *I, 84,* et ailleurs.

(7) Opp., Cynég. *I, 81;* Xénoph., Cynég. *I, 2, 4.*

(8) Opp., Cynég. *I, 91* et suiv.; Xénoph., Cynég. *I, 2, 4* et suiv.

(9) Opp., Cynég. *I, 402* et suiv. Oppien, *I, 377,* indique le rintemps comme la saison la plus favorable pour avoir des chiens de onne race; c'est encore d'après Xénophon qu'il parle. *Voyez* la note u traducteur d'Oppien.

E

montre, non le naturaliste, mais le traducteur : en effet, son travail s'est borné à mettre en vers la description que nous en donne Xénophon (1) dans sa prose poétique ; il prend même à celui-ci jusqu'à ses erreurs, comme lorsqu'il donne au chien courant de petites oreilles (2), ou lorsqu'il dit de la couleur blanche ou noire, qu'elle annonce dans le chien de mauvaises qualités (3), tandis qu'Arrien (4) juge, avec raison, les couleurs indifférentes.

Affirmons donc qu'Oppien, imitateur de Xénophon, et qui a si souvent imité les Cynégétiques et même l'Hippiatrique de Xénophon, doit, comme naturaliste, une partie de sa gloire à notre auteur. Affirmons encore que, lorsque, pour déguiser ses emprunts, il ne va pas aussi loin que Xénophon et lui laisse quelques-unes de ses beautés, c'est aux dépens du bon goût. Comme Xénophon, il est d'avis (5) que l'on donne aux chiens, dans l'enfance, des noms courts et faciles à prononcer, afin qu'ils entendent promptement la voix de leur maître. Mais quel dommage qu'il se soit abstenu de toute énumération ; elle eût offert un tableau plein de vie, qui a inspiré la Fontaine dans son poëme d'Adonis, et, avant lui, Ovide, livre III de ses Métamorphoses (6) ; tableau dédaigné par le traducteur d'Ovide qui a pris le nom de *Malfilatre*, mais conservé, avec raison, par M. de Saint-Ange.

A la suite de ces preuves de nombreux emprunts faits à Xénophon par Oppien, aussi injuste envers un Grec, que les

---

(1) *IV, 1.*

(2) Oppien, Cynég. *I, 404, 405,* βαια δ' ὑπερθεν ουατα, Xénoph. *IV, 1,* ωτα μικρα. *Voyez* les notes sur le chapitre IV, 1.

(3) Opp., Cynég. *I, 427;* Xénoph., Cynég. *VI, 7.*

(4) Arrien, surnommé *Xénophon le jeune,* Cyn. *VI.* Cet écrivain *(voy. ch. XI),* dans son Traité de la chasse, entreprend de suppléer au silence de Xénophon sur les chiens Celtes, Κελτοι. Gratius parle des chiens Celtes, déjà célèbres de son temps, qui étoit celui d'Auguste : *magnaque diversos extollit gloria Celtas.* Voyez la note de M. Belin, Cyn. d'Opp. *I, 373.*

(5) Opp., Cyn. *I, 444.*

(6) *Voyez* Actéon dévoré par ses chiens.

Grecs l'étoient ordinairement envers les Latins (1), ce seroit le lieu de renouveler le reproche fait à quelques modernes, de légèreté et d'injustice envers les anciens; mais qu'il nous suffise d'avoir réclamé contre un oubli que ne méritoit pas notre auteur. Bornons-nous à regretter que l'illustre Buffon n'ait vu dans Xénophon que le moraliste, l'historien, le militaire, l'homme d'état, et qu'il ait ignoré l'existence d'un chef-d'œuvre qui lui eût offert des images, des traits heureux, et des beautés de style.

Buffon (2), parlant du lièvre coureur, auroit-il donc lu sans fruit ce beau morceau que j'ai rendu si foiblement, et où Xénophon oppose le lièvre qui gîte, au lièvre coureur : *La trace du lièvre allant à son gîte* (3) *dure plus long-temps que celle du lièvre coureur; le premier imprime ses pas sur sa route, le second va rapidement : la terre est donc comme battue par le premier, elle est à peine effleurée par le second!* N'eût-il pas été frappé de l'harmonie imitative de cette phrase, du mouvement tour-à-tour lent et rapide qu'elle exprime, d'un rhythme qui nous représente le premier marchant pesamment, *incumbens humo,* pesant sur la terre, imprimant d'à-plomb ses pas sur la terre (4), et qui nous montre l'autre effleurant à peine le sol; pareil à la légère Camille, de qui Virgile a dit : *nec tingeret æquore plantas.* Buffon (5), répétant cette observation si connue,

---

(1) Les Grecs, accoutumés à estimer peu la littérature des autres nations, ne faisoient aucune mention des Latins dans leurs ouvrages (*voyez* pag. xxxij, Observations préliminaires de mon *Clavis Homerica*) : aussi Oppien n'a-t-il pas une seule fois nommé Gratius, qu'il semble avoir plus d'une fois imité; Gratius qui, né sous le règne d'Auguste, n'eut pas la célébrité de ses contemporains, mais de qui pourtant Ovide a dit, *Aptaque venanti Gratius arma dabat,* et qui d'ailleurs me paroît précieux pour éclaircir certains points d'antiquité.

(2) *T. VII, pag. 113* et suiv.

(3) Cyn. *V, 7.*

(4) Τα μεν ευναια ὁ λαγως πορευεται εφισαμενος, τα δε δρομαια ταχυ. Remarquons le rhythme grave et lent du premier membre de phrase, et la cadence rapide du second.

(5) *T. VII, pag. 108.*

E 2

qu'on voit les lièvres, au clair de la lune, jouer ensemble, sauter, et courir les uns après les autres, n'eût-il pas été inspiré par Xéno-phon, qui célèbre aussi leurs jeux! En lisant là phrase vraiment pittoresque de notre auteur, en lisant les longs composés qu'il emploie (1), quel lecteur ne se représente pas et leurs jeux folâtres, et leurs sauts, et les grandes lacunes qu'ils laissent dans leurs passées, et la joie fugitive de ces animaux! Ils ne vivent, pour ainsi dire, que la nuit; mais comme ils profitent de la protection de la lune, qui se plaît à éclairer leurs amuse-mens de sa lumière argentine! Alors ils ne courent pas, ils se jettent çà et là, επαυ∂ρρι ∏λουντες; ils se livrent au plus doux abandon; ils se poursuivent les uns les autres; ils jouissent de leur bonheur, jusqu'à ce que le bruit d'une feuille vienne le troubler. Je ne sais si je m'abuse, mais je vois dans Buffon l'historien d'un fait connu : Xénophon me montre tout-à-la-fois le naturaliste, le poëte et le peintre.

Si des beautés de style et du mérite de la diction qui devoient charmer Buffon comme éloquent écrivain, nous passons à ce qui devoit l'intéresser comme naturaliste, combien nous regret-térons davantage qu'il n'ait pas connu les Cynégétiques de notre auteur (2)! S'il les eût consultés, après avoir avancé que le lièvre et le lapin sont fort semblables tant à l'intérieur qu'à l'extérieur, il auroit ajouté avec Xénophon, que le lièvre a la tête étroite en devant (3), caractère qui ne convient pas au lapin; il n'auroit pas dit (4) que les Grecs connoissoient le lapin, tandis qu'ils ne le connoissoient pas, et n'auroit pas appelé le lapin *dasypode* (5), épithète qui ne convient qu'au lièvre; il n'auroit peut-être pas avancé (6) que le renard ne s'accouple point avec la chienne, erreur qu'il a postérieurement

---

(1) Επαγ∂ρρι∏λουντες μακρα ∂ιαιρουσιν αντι∏αιζοντες. Sur la force de ces composés, *voyez* les notes critiques.

(2) *T. VII*, *pag. 121.*

(3) Cynég. *V*, *30.*

(4) *T. VII*, *pag. 131.*

(5) Δασπους. *Voyez* ma Dissertation sur le lièvre d'Ælien.

(6) *T. XIV*, *pag. 107.*

rétractée; il n'auroit pas enseigné, autres erreurs qu'il n'a jamais
rétractées, que le mot *pardalis* est l'ancien nom grec de la
panthère, que le panther (1) des Grecs est l'adive, tandis que
Xénophon (2) range le panther dans la classe des animaux
féroces, et qu'il veut pour la chasse du panther, des hommes à
cheval, bien armés et en troupe; ce qui assurément n'annonce
pas la chasse d'un animal foible, tel que l'adive.

Ces erreurs et tant d'autres, Buffon, malgré sa pénétration
et son beau génie, ne pouvoit que difficilement les éviter,
puisqu'il ne consultoit les Grecs que par l'infidèle intermédiaire
des traducteurs; lui-même il nous en donne la preuve (3) dans
le passage suivant : « Oppien a dit le premier qu'il y avoit
» deux espèces de panthères; les unes plus grandes et plus
» grosses, les autres plus petites, et cependant semblables par
» la forme du corps, par la variété et la disposition des taches,
» mais qui différoient par la longueur de la queue, que les
» petites ont plus longue que les grandes. » Buffon parle ainsi
dans un article où il avertit qu'il évitera le faux emploi des
noms, qu'il détruira les équivoques et préviendra les doutes (4).
Ouvrons Oppien : « On divise en deux espèces les redoutables
» pardalis, παρδαλιες ολοαι (5); les uns déploient à nos regards

_____

(1) *Voy.* mes Dissertations sur le panther, le pardalis, et autres
animaux féroces.

(2) *T. VIII, pag. 275,* Buffon assure que le pardalis et la panthère
ont un seul et même animal. S'il parle des οι πανθηρες d'Oppien et
le Xénophon, il est dans l'erreur; car Oppien, Pollux, Athénée et
autres, établissent une distinction formelle entre le pardalis et le
panther. S'il parle, non de οι πανθηρες, mais de αι πανθηρες au féminin,
les panthères et non des panthers, pourquoi n'indique-t-il pas sur
quel auteur grec il se fonde! c'est qu'il ne le pouvoit; c'est que l'érudition et l'histoire naturelle se sont trop séparées; c'est qu'en histoire
naturelle, il ne connoissoit les Grecs que par le secours de traductions
ou de notes infidèles.

(3) *Tom. VIII, pag. 263.*

(4) *Ibid.* p. 259.

(5) Opp., *Cyn. III, 63 sq.* J'adopte, à quelques changemens près,
la traduction de M. Belin de Ballu, qui, à tort, ce me semble, rend
par *panthères* le mot παρδαλις. Pour me conformer à l'usage, j'écris

» une haute taille, un dos large et fourni de graisse; les autres,
» plus petits, n'ont pas une moindre force. Tous, brillant des
» mêmes beautés et offrant les mêmes formes, ne diffèrent
» que par la queue : ceux de la petite espèce la portent plus
» longue; ceux de la grande, plus courte. Les pardalis ont les
» cuisses charnues, le corps alongé, l'œil brillant; leurs pru-
» nelles étincellent sous des paupières d'un bleu tendre (1): ils
» ont eux-mêmes cette couleur; mais le fond, teint de pourpre,
» éclate de mille feux dont ils paroissent embrasés. Les dents
» inférieures qui arment leur gueule, sont blanches et veni-
» meuses; leur robe, d'un gris obscur, est parsemée de taches
» noires, semblables à des yeux. Ils sont si rapides à la course,
» et s'élancent avec tant de force, que l'on croiroit, à les voir
» bondir, qu'ils volent à travers les airs. C'est cette race que
» célèbrent les poëtes, lorsqu'ils disent que les pardalis furent
» jadis les nourrices de Bacchus. Aussi à présent même encore,
» amis du vin, saisissent-ils avidement dans leur gueule les doux
» présens du dieu des vendanges. Une autre fois je dirai pour-
» quoi Bacchus changea des femmes illustres en de cruels par-
» dalis, ες τοδε πορδαλιων γενος αγριον. »

Dans tout ce passage, Oppien, comme il est aisé de s'en
convaincre, ne fait mention que des *pardalis.* Comment donc
Buffon a-t-il pu dire d'après Oppien, qui n'en dit pas un mot,
qu'il y avoit deux espèces de *panthers!* Comment, dans le livre
III, voit-il des panthers où ils ne sont pas, tandis qu'il ne les
voit pas où ils sont, *liv. II, v. 572!* Comment, après avoir
annoncé, dans l'Histoire naturelle de la panthère (2), qu'il s'est
efforcé de dissiper les ténèbres dont la nomenclature obscurcit
la nature, remplace-t-il dans Oppien les noms de *pardalis* par
ceux de *panthères!* L'écrivain qui, tout en reconnoissant la

---

pardalis, en prévenant cependant, d'après quelques érudits (voyez
Salmasius ad Solinum, pag. 212), qui peut-être se trompent, que
πορδαλις désigne le mâle, et παρδαλις la femelle.

(1) Γλαυκιοωσι. Sur ce mot voyez Cvn. de Xénoph. *I.*
(2) *Tom. VIII, p. 275.*

nécessité des méthodes rigoureuses de nomenclature, dénature les noms adoptés par un naturaliste grec, ne prouve-t-il pas qu'il s'est laissé égarer par d'infidèles traducteurs, ou qu'il n'a -connu les Grecs (1) que d'après des notes de collaborateurs plus zélés qu'érudits.

Si vous interrogez les traducteurs d'Oppien (2), ils vous diront que le mot grec πορδαλις signifie *panthère ;* mais peut-on regarder le mot *panthère* comme synonyme de *pardalis*, lorsqu'Oppien (3) parle du panther et du pardalis dans deux articles distincts et séparés ; lorsque Xénophon, Athénée et Pollux établissent la même distinction ?

J'ai dit *le panther* au masculin, et non *la panthère.* Les Latins seuls, et non les Grecs, ont employé ce mot au féminin pour exprimer le *pardalis* des Grecs. Si je ne me trompe point dans mon assertion, il en résulte que tous les commentateurs et traducteurs, soit françois, soit latins, qui ont traduit ὁ πανθηρ, le panther, par *panthera* en latin, et par la *panthère* en françois, ont été inexacts, et qu'ils ont appliqué au *pardalis* un nom qui désigne le *panther* seul.

Citons encore un exemple qui achève de prouver combien la connoissance du Traité que je publie eût été utile à des naturalistes justement célèbres. Brisson est le premier d'entre eux qui ait regardé le lièvre variable (4) comme une espèce particulière, et Pallas est le seul qui en ait donné une description complète. En lisant Xénophon, peut-être ces savans auroient-ils pensé que l'honneur de cette description appartenoit à notre auteur

---

(1) *Voyez* Buffon, *ibid. pag. 259.* Sur le *panther* et le *pardalis*, MM. Lacépède et Cuvier expriment leurs regrets de ce que l'érudition et la physique se sont trop séparées ; de ce qu'il se trouve peu d'hommes en état d'étudier et de commenter de nouveau plusieurs naturalistes anciens.

(2) Les interprètes d'Oppien traduisent πανθηρας par *pantheras,* Cyn. *II, 572 ;* et πορδαλιες ολοαι par *pantheræ funestæ ;* c'est-à-dire que de deux animaux très-distincts, ils font un seul et même animal.

(3) *Voyez l. l.,* et ma Dissertation sur le panther et le pardalis.

(4) *Voyez* ma Dissertation sur *les lièvres de Xénophon,* ch. V.

E 4

L'ouvrage que je viens d'analyser m'a offert des difficultés nombreuses. Mais j'ai trouvé de grands encouragemens, et dans le jugement de l'Institut, qui a ordonné l'impression des différentes dissertations que je lui ai soumises, et dans la pensée que je m'occupois d'un travail qui a du moins le mérite de la nouveauté, qui offre au naturaliste des faits, au littérateur des beautés de style, à l'érudit des usages, au grammairien de ces termes insolites appelés ἅπαξ λεγόμενα (1). J'ai trouvé aussi de grands secours dans les doctes commentaires que j'ai médités, et dans les observations fines de plusieurs de mes auditeurs. Je dois à l'un d'eux quelques leçons élémentaires d'anatomie qui m'ont beaucoup servi. Un autre, M. Dubourg, de la société de médecine, a pris la peine de disséquer un lièvre, afin de me montrer d'une manière sensible l'exactitude de l'auteur grec dans la description qu'il fait de l'intérieur de cet animal. Je dois à M. Cuvier l'explication des différentes parties du chien, qu'il m'a faite sur l'animal même parfaitement disséqué. Je ne parlerai point ici des deux manuscrits que j'ai collationnés deux fois avec le plus grand soin; mais je dirai un mot des commentateurs et philologues que j'ai consultés. Parmi eux Pollux tiendra le premier rang. Cet érudit, qui a si bien mérité des sciences et des lettres, m'a paru avoir des idées nettes sur la chasse qu'il aimoit et recommandoit à son élève Commode, depuis empereur. (L'édition que les Kühn &c. ont enrichie de leurs doctes commentaires, est celle que j'ai consultée.) Mais son autorité n'est peut-être pas d'un grand poids lorsqu'il parle d'anatomie; témoin le *liv. V, 58,* où il veut des omoplates attachées aux épaules (2); faute grave, provenant d'une mauvaise interprétation du passage suivant de Xénophon : Στήθη πλατέα, μὴ ἄσαρκα ἀπὸ τῶν ὤμων, τὰς ὠμοπλάτας διεστῶσας μικρόν; ce qui signifie, en construisant ἀπὸ τῶν ὤμων avec τὰ ἄσαρκα, une

____

(1) Littéralement, *mots dits une seule fois,* ou plutôt, *mots qui ne sont dits qu'une fois.* Dans ma première édition, je traduis par *mots une fois dits ;* ce qui n'est pas françois.

(2) Voici le texte de Pollux : Αἱ δὲ ὠμοπλάται τῶν ὤμων μικρὸν ἀφεστηκέτωσαν.

poitrine large, assez charnue à l'endroit où elle quitte les
épaules. Mais en mettant, avec Zeune, une virgule après
ασαρκα, et faisant dépendre απο των ωμων de διεςωσας, on traduira
des omoplates peu distantes des épaules ; ce qui ne présente
aucun sens. Dutens, §. 186 de ses Recherches sur les découvertes des anciens attribuées aux modernes, a donc eu tort de
vanter Pollux *(voyez* Poll. *II, 4, 115)* comme anatomiste,
comme auteur d'une découverte dont la gloire appartient peut-
être à Antiphon, qu'il cite. *Voyez* ma Dissertation sur la description anatomique du chien, *ch. IV, 1.*

Mon assertion sur Pollux a été vivement combattue. Ma
traduction de cette phrase, *les omoplates un peu distantes l'une
de l'autre,* a été remplacée par celle-ci, *les omoplates un peu
détachées des épaules.* L'auteur de la seconde version étant un
médecin, j'ai dû me défier de mes foibles lumières : j'ai en
conséquence consulté deux célèbres anatomistes, et tous deux
ils ont pensé que, loin de combattre mon assertion, le médecin eût dû l'embrasser, et conclure avec moi que Pollux se
trompoit en parlant d'*omoplates distantes des épaules.*

Ma doctrine est celle que professe M. Sonnini (1). Ce
savant naturaliste dit des bons chiens courans, qu'ils ne doivent
pas avoir les épaules sèches et serrées, car alors ils n'ont ni
vigueur ni légèreté ; et ensuite il ajoute que ceux qui ont le
poitrail trop ouvert (ce qui, contre l'intention de Xénophon,
rapproche les omoplates) sont sujets à se prendre des épaules.

A toutes les raisons que nous avons données, joignons l'autorité d'Arrien, qui veut dans le chien courant, τας ωμοπλατας
διεςωσας, και μη ξυμπεπηγυιας, αλλ' ως οιον τε λελυμενας απ' αλληλων.
Dans cette phrase, véritable glose de celle de Xénophon,
remarquons ces expressions, ωμοπλατας διεςωσας, μη ξυμπεπηγυιας, αλλα λελυμενας απ'αλληλων. Y est-il question d'*omoplates
détachées des épaules,* comme le prétend M. le médecin! Qui
pourroit y voir un autre sens que celui d'*omoplates détachées*

_____

(1) Dans son édition des Œuvres de Buffon, *tom. XXIII ;* et
Encyclopédie.

l'une de l'autre, sens qui a été, bien mal-à-propos, vivement et amèrement combattu.

Je ne mérite donc pas les épithètes d'homme léger, arrogant, cherchant à attaquer les grandes renommées. J'ai énoncé une vérité, et, sans m'en douter, je disois ce qu'avoit dit avant moi l'immortel Haller (1) : *Omnino ad anatomiam* (Pollux) *aliqua habet nomina nempe partium*, *non ABSQUE INEPTIS TAMEN ERRORIBUS;* puis il ajoute, *Quis crediderit* ιχιον *nomen esse ligamenti teretis!* Au reste, ces méprises, que Haller qualifie un peu sévèrement de *ineptis erroribus*, ne doivent pas étonner, d'après les aveux que Pollux a consignés, et au commencement de son II.ᵉ livre, et ailleurs. Mais terminons ici ce qui regarde Pollux.

Après lui le second rang appartiendra à Vlitius, dont j'ai lu toutes les notes sur Gratius et Némésien.

J'ai mis aussi à contribution le Lexique ms. que nous a laissé l'hébraïsant Rivière. J'ai parlé dans mon Homère, et dans mon *Clavis Homerica*, du système de cet estimable et vertueux érudit.

Je viens de rendre compte d'un travail dont les Lacépède, les Daubenton, les Cuvier, ont jugé la publication utile, et qui m'a demandé beaucoup de lectures, de recherches et de veilles. Puissent certains érudits m'épargner les épithètes de présomptueux et d'arrogant, et ne point me supposer la misérable intention d'ôter quelque chose à la gloire d'un grand homme! En indiquant des erreurs que rend dangereuses l'autorité d'un nom illustre, en démontrant que Buffon les eût évitées s'il avoit connu les Cynégétiques de Xénophon, en prouvant qu'Oppien a calqué plusieurs de ses plus belles descriptions sur celles de Xénophon, en affirmant que le disciple de Socrate, injustement oublié par Buffon, eût dû être nommé et marcher de pair avec Oppien, j'ai dit la vérité, j'ai réfuté une

_____

(1) Dans son édition du *Methodus studii medici* de Boerhaave, p. 479.

opinion erronée (1) ; puisse le public satisfait, dire, *L'auteur n'a pas perdu son temps!*

De ces observations préliminaires passons maintenant à des observations propres à chaque chapitre.

CHAPITRE I.ᵉʳ

Inventeurs de la Chasse, Apollon et Diane. — Héros grecs, guerriers et chasseurs.

Xénophon va traiter un sujet agréable ; il évitera la séche-resse du ton didactique ; il parlera le langage des poëtes. Ce ne sont pas de simples mortels qui ont inventé la chasse : Apollon et Diane, en voilà les auteurs ; Céphale, Esculape, Mélanion, Nestor, Amphiaraüs, Pélée, Télamon, Méléagre, Thésée, Hippolyte, Palamède, Ulysse, Mnesthée, Diomède, Castor, Pollux, Machaon, Podalyre, Antiloque, Énée, Achille, voilà les disciples de cet art qu'enseigna Chiron, et que les anciens appeloient *le plaisir des héros.*

Au reste, dans son langage poétique, Xénophon est encore historien. On sait que les anciens, soit Grecs, soit Romains, rapportoient toujours à une divinité l'invention de chacun des arts. Oppien se conforme à cet usage, lorsqu'il dit (2) : « Jadis » un dieu fit présent aux mortels de trois sortes de chasses. » — « Je chante les dons des immortels, dit Gratius, cet art qui » porte la joie (3) dans l'ame du chasseur. » — « O toi, dit

_____

(1) Un savant s'est exprimé ainsi : « Xénophon a-t-il examiné les animaux en naturaliste! Non, sans doute. Il s'est contenté de dire ce qu'il importoit à un chasseur de savoir, et il a négligé tout le reste : aussi n'y a-t-il presque rien à en tirer pour l'histoire natu-relle. » Pour réponse à l'assertion que Xénophon n'a point examiné les animaux en naturaliste, nous renvoyons à la description anato-mique du chien, à celle du lièvre, et sur-tout au Traité d'hippia-trique, le plus précieux en ce genre des écrits de l'antiquité.

(2) Cyn. *I, 47;* et Alieut. *II.*

(3) *Dona cano divûm, lætas venantibus artes.* Dans son élégante traduction, M. de la Tour a rapporté l'épithète de *lætas* à *dona,*

» Némésien dans son invocation à Diane, ô toi qui promènes
» tes loisirs dans le calme des forêts, Phébé, la gloire de
» Latone, parois sous tes atours accoutumés; arme ta main
» d'un arc, suspends à tes épaules un carquois brillant et garni
» de flèches dorées. »

Ce qui concerne les héros chasseurs, se trouvant par-tout,
les moindres détails à ce sujet seroient superflus. Mais on nous
pardonnera de courtes observations sur Esculape, Palamède et
Chiron (1): elles sont, à la vérité, d'un intérêt médiocre; mais
elles manquent à la plupart des ouvrages mythologiques.

Esculape n'est ordinairement connu que comme inventeur
de la médecine; en le mettant au rang des héros chasseurs,
Xénophon enchérit donc sur les mythologues. Il est pourtant
probable qu'élève du centaure Chiron, il partagea son goût
pour la chasse.

Le mot sur *Palamède* présente une difficulté. *Palamède,
qui l'emportoit en talens sur ses contemporains, périt victime de
l'injustice; mais les dieux le vengèrent comme ils n'avoient encore
vengé aucun autre mortel. Au reste, les auteurs de sa fin tragique
ne sont pas ceux que l'on pense. Agamemnon et Ulysse auroient-ils
été regardés, l'un comme un homme à-peu-près excellent, l'autre
comme ayant beaucoup de ressemblance avec les hommes vertueux!*
Ici Ulysse est jugé innocent, tandis que, dans l'Apologie de
Socrate et dans les Mémorables (2), il est accusé de la mort de
Palamède; opinion adoptée par Virgile (3). Voilà une contra-
diction du moins apparente. Ne l'expliquera-t-on pas en disant
que, dans l'Apologie de Socrate et dans les Dits et Faits mémorables, Xénophon parle comme historien, au lieu qu'ici il
montre le poëte? Voulant faire l'éloge de la chasse, il cite les

---

transposition permise; mais *doux* présent des immortels, rend-il bien
lætas, qui peint la joie du chasseur! *Lætas* est pour *quibus gaudent
venantes.*

(1) Cynég. *I*, *11*.
(2) *IV*, *2*, *33*.
(3) Æn. *II*, *82 sq.*

;rand's personnages qui y ont excellé. Ulysse étant de ce nom-
ıre, pouvoit-il admettre la tradition qui fait de ce héros le
neurtrier de Palamède (1)!

Passons à l'article de *Chiron*, ce centaure à qui sa forme
onnoit un avantage bien rare, et qui, moitié homme et moitié
heval, se servoit de sa tête pour méditer sur son art, et de ses
umbes pour aller voir ses malades (2). Quelle étoit sa mère!
'élopée, selon les uns (3); Philyre (4) ou Phillyre, selon d'au-
es. D'après le texte de Xénophon, j'ai soupçonné qu'elle
appeloit Naïs. Cette version a été blâmée, et voici la réponse
ue j'ai donnée:

« Vous prétendez, monsieur, que Naïs n'est pas le nom
une nymphe, qu'il s'agit ici de Phillyre, que si Xénophon ne
. pas désignée par son nom, c'est que personne ne l'ignoroit.
» Je connois, comme vous, le Φιλλυειδων de Pindare, puis-
ıe je l'ai cité dans ma note. Mais Phillyre est-il bien le seul
ım que l'on doive donner à la mère du Centaure! Parmi les
ythologues, qui ne s'accordent pas toujours sur la généalogie
leurs personnages, ni sur les faits qu'ils racontent, les uns
nomment Phillyre, les autres Pélopée. Quant à Xénophon,
ıne semble qu'il l'appelle Naïs. Examinez son texte avec moi:
τςος ὁ μεν Ῥεας, ὁ δε Ναϊδος νυμφης. Si j'adopte votre opinion,
traduirai littéralement : *l'un étoit fils de Rhée, l'autre d'une
mphe naïade.* C'est dans ce sens, je le sais, qu'Homère
v. VI, v. 22) prend les deux mots grecs: mais est-ce donc
e raison pour qu'ils offrent la même acception dans notre
:eur! Laissons le prince des poëtes, mythologue exact, ap-
ler Abarbarée *nymphe naïade.* Mais Xénophon, employant
expressions grecques dans le sens d'Homère, n'eût-il donc
; manqué à la symétrie! Après avoir nommé la mère de

---

1) Sur Palamède, appelé Σοφος, *voyez* les notes grammat.
2) *Voy.* les Révolutions de la médecine, par le sénateur Cabanis,
ıl. *in-8.°*
3) Voyez Brodæi *Annotat.*
4) Biblioth. d'Apollod. *liv. I, 2, 4.*

Jupiter, pourquoi ne nommeroit-il pas celle de Chiron! — Elle étoit trop connue, me répondez-vous. — Et la mère du maître des dieux étoit-elle donc ignorée! il la nomme pourtant.

»Je ne me permettrai pas de blâmer dans Homère la réunion de νυμφη ναϊς, *nymphe naïade.* Si je disois que le second mot étoit nécessaire à Homère, indiquant la classe de nymphes à laquelle appartient Abarbarée; mais que le premier n'est peut-être qu'une agréable négligence, qu'un pléonasme, qu'une forme ancienne, en usage dans les premiers temps de la poésie, je serois justement appelé profane; je mériterois d'être comparé, pour la témérité, ou à Paw, qui donne des leçons au philosophe de Stagire, ou à Scaliger, qui prétendoit enseigner le latin à Horace. Je me bornerai donc à observer que, lorsque Virgile adresse ses chants aux naïades, il donne à l'une le charme de la blancheur, *tibi candida naïs* (1); à l'autre, la palme de la beauté, *naïadum pulcherrima* (2); à toutes l'avantage de la jeunesse, *puellæ naïades* (3): mais il n'en appelle aucune *naïade nymphe,* ou *nymphe naïade.* Nous ne trouverons pas, je crois, un seul exemple d'une telle rédondance dans Virgile, poëte moins érudit, moins sublime qu'Homère, mais souvent plus gracieux, plus précis, et d'un goût plus sûr que son divin modèle. N'attribuons donc rien de semblable à Xénophon, qui sacrifioit aux Grâces, à cet immortel écrivain, dont les Muses empruntèrent l'organe: *Musas Xenophontis ore locutas.* »

Parmi les héros chasseurs que nomme Xénophon, nous ne trouvons ni le nom de Persée, ni celui d'Orion. Persée, selon Oppien (4), fut le premier chasseur; porté sur des ailes rapides il saisissoit les lièvres et les thos, les chèvres sauvages, les daims

---

(1) *Tibi, candida naïs.* Ecl. II.
(2) *Ægle naïadum pulcherrima.* Ecl. VI, 20.
(3) *Puellæ naïades.* Ecl. X, 9. On connoît encore *naïada Bacchu amat,* et *formoso naïs puero formosior ipsa.* Columella, lib. X, i Horto.
(4) J'invite ceux qui desireroient ajouter à la nomenclature de héros chasseurs de Xénophon, à lire Oppien, Cyn. *II,* 2 et suiv.

légers, les oryx; il arrêtoit les cerfs (1) même par le bois orgueilleux qui couronnoit leur tête (2). Orion, fécond en ruses, imagina cette chasse nocturne qui surprend le gibier au milieu des ténèbres.

CHAPITRE II.

Qualités que doit avoir un chasseur. — Il doit être Grec de langue, âgé d'environ vingt ans, leste, robuste. — Description de Filets.

Après avoir relevé la noblesse de la chasse par l'exemple des anciens héros, Xénophon expose les qualités que doit avoir un chasseur.

Parvenu à la classe des adolescens, il s'occupera de la chasse, mais en consultant sa fortune. Il sera Grec de langue (3), dit Xénophon. Pourquoi? Seroit-ce ici jactance nationale, ou croyoit-il la langue du chasseur tellement perfectionnée en Grèce, qu'un Grec seul pût s'occuper dignement de la chasse? je le croirois. Cette phrase, *il faut qu'un chasseur soit Grec de langue,* n'est pas plus inintelligible que celle-ci, si on la rencontroit dans quelque ouvrage de vénerie, *il faut qu'un chasseur soit François de langue.* « Il n'y a point d'arts, dit l'auteur des
» Entretiens d'Ariste et d'Eugène (4), dont nous n'ayons les
» mots propres; mais il y en a deux dont les François seuls
» semblent avoir une connoissance parfaite, selon la remarque
» d'un savant homme du siècle passé : ces deux arts sont la vé-
» nerie et la fauconnerie. Comme les François s'y sont adonnés
» de tout temps plus que les autres nations, et que nos rois y

_____

(1) Ελαφων σικτων; *les cerfs tachetés.*

(2) Αιπεινα καρηνα : quatre α dans ces deux mots produisent un effet qui a été bien senti par le traducteur d'Oppien.

(3) Cyn. *II, 4,* την φωνην Ελληνα, *Grec de langue,* pourroit, ce me semble, être synonyme de Grec de nation. Ainsi, chez nous, on appelle *Languedocien,* non le François qui parle la langue d'*oc,* mais le Languedocien même, mais l'habitant même du pays où se parloit cette langue d'*oc.*

(4) *P. 108* et suiv. Paris, 1737.

» ont toujours pris plaisir, parce que ce sont des divertissemens
» nobles et des exercices qui servent d'apprentissage à la
» guerre, la langue françoise a des mots singuliers pour expri-
» mer tout ce qui regarde l'un et l'autre. Les anciennes langues
» ont fort peu de termes de vénerie, en comparaison de la
» nôtre. Les Italiens et les Espagnols ne font que bégayer au
» prix de nous, quand ils parlent de la chasse des bêtes fauves.
» Pour la fauconnerie (1), elle a été inconnue aux Grecs et aux
» Latins de la manière dont nous la pratiquons : tous leurs livres
» ne peuvent pas seulement fournir un mot propre pour la
» nommer, bien loin de nous en apprendre tous les termes. La
» plupart des langues étrangères sont assez pauvres en ces
» sortes de mots : il n'y a proprement que la langue françoise
» qui ait de quoi parler à fond d'un exercice si divertissant et
» si noble. »

De ce passage, que j'appellerois presque la glose du texte
grec, concluons que ces mots, *le chasseur sera Grec de langue*,
loin d'être inintelligibles, comme le prétend Zeune, nous apprennent au contraire qu'en Grèce la langue du chasseur étoit
singulièrement perfectionnée.

J'ai traduit par *le chasseur*, ce qui, selon M. Weiske et d'autres, signifie *le gardien des filets* (2). « Xénophon, me dit-on,
regardant la chasse comme un amusement (3), ne pouvoit pas

_____

(1) Contre cette erreur, que partage la Curne de Sainte-Palaie,
Mémoires sur l'ancien cheval. tom. III, pag. 182, citons, avec
M. Belin, le vers 64 d'Oppien *(Cyn. I),* qui appelle l'épervier com-
pagnon des travaux de l'oiseleur. *Voyez* aussi Pline, d'après Aristote,
liv. IX, ch. 36, et les notes de M. Belin.

(2) Sur cette phrase, Χρη δὲ τῶν μὲν αρκυων επιθυμουντα του εργου ειναι
την φωνην Ἕλληνα, M. Weiske fait la note suivante : *Multa de hoc verbo
frustra meditato hæc stetit sententia, φωνην esse linguam, ut significetur
natione et sermone Græcum, non barbarum esse debere, qui a venatore
adscisci cupiat αρκυωρος, i. e. servus minister et comes venatoris : nam
de hoc sermo est, non de ipso venatore domino. Græcus esse debet ille,
ut statim intelligat, si quid venator acclamet.*

(3) Les chap. I, II, XII, XIII des Cynég. donnent la preuve du
contraire.

déterminer

déterminer l'âge de celui qui vouloit s'y livrer (1), tandis qu'il devoit naturellement déterminer celui du gardien de filets, qui étoit toujours un esclave. Il exige qu'il soit Grec, pour qu'il puisse entendre les ordres qu'on lui donne et y répondre. Lisez donc αρκυωϱϱν, le gardien des filets. »

Qu'il me soit permis de renvoyer à mes observations préliminaires. Je crois y avoir démontré que notre auteur parle de la chasse, non *en amateur,* mais *en homme d'état;* que son but politique étoit de rendre les Athéniens à ce goût pour la chasse, qui avoit signalé leurs aïeux ; de tirer de sa léthargie un peuple dégénéré, subjugué par la mollesse, et songeant peu à se défendre contre ses ennemis extérieurs. Cette idée n'étonnera que ceux qui, tout-à-fait étrangers à l'antiquité, ignoreroient que la chasse étoit moins alors un simple amusement, qu'un dur apprentissage du métier des armes, et qu'elle entroit essentiellement dans l'éducation. Je pourrois accumuler les preuves ; elles abondent dans Xénophon (2). Je me bornerai à rappeler ce passage : « Pour moi, dit Xénophon *(II, 1),* j'exhorte les jeunes gens à ne mépriser ni la chasse, ni aucune autre partie de l'éducation. » J'en conclurai, 1.° que l'exercice de la chasse étoit chez les Grecs, comme il l'a été long-temps en France (3) parmi les princes et les nobles, une partie constitutive de l'éducation ; 2.° que c'est bien l'âge d'un chasseur, et non celui d'un garde-filet, l'âge d'un homme de condition libre, et non celui d'un esclave, que Xénophon a voulu déterminer.

Cette double conclusion, Arrien, avant moi, l'avoit tirée du texte grec de notre auteur.

---

(1) Autre assertion aussi inexacte que les précédentes ; car Xénohon, *II, 2,* détermine très-clairement l'âge auquel le chasseur doit commencer; et comment ne l'eût-il pas déterminé, lorsque la chasse ii paroît une des parties de l'éducation !

(2) *Voyez* les chap. I, II, XII et XIII des Cyn.

(3) *Voyez* la Curne Sainte-Palaie, dans ses Mémoires sur l'ancenne chevalerie, *tom. II, p. 169, 365, 403 et passim.*

F

Je lirai donc αρκυωρον, si on lui donne l'acception de chasseur; mais je ne puis, en conscience, l'adopter avec l'acception de *garde-filet*.

Pour fixer le sens du passage contesté, je pourrois m'en tenir à l'autorité d'Arrien (1), que je viens de citer : mais efforçons-nous d'expliquer Xénophon par Xénophon lui-même; au lieu de prendre les expressions isolément, considérons ce qui suit, ce qui précède, tout l'ensemble en un mot. Voici comme s'exprime notre auteur au commencement du chapitre II : « J'exhorte les jeunes gens à ne point dédaigner la chasse... » Parvenu à l'âge de l'adolescence, on s'occupera d'abord de » la chasse, et ensuite des autres parties de l'éducation ; mais » en consultant sa fortune. »

Quoi ! Xénophon recommande la chasse comme faisant partie d'une éducation libérale, qui exigeoit de grandes dépenses, et l'on veut que ses conseils s'adressent à un garde-filet et non à un chasseur, à des esclaves et non à des hommes de condition libre ! Est-ce donc à un garde-filet, est-ce donc à des esclaves que Xénophon s'adresse dans le passage suivant! « Pourquoi nos ancêtres ont-ils voulu que la chasse fît partie » de l'éducation de la jeunesse! c'est qu'ils croyoient que, bien » différente de ces plaisirs honteux qui ne demandent pas d'é- » tude, elle n'interdit aucune des occupations honnêtes. Ils » comprenoient que cet exercice rend les jeunes gens réservés » et justes, en les élevant à l'école de la vérité; que c'étoit à la » chasse que l'on devoit les bons soldats et les bons généraux. » Ceux qui veulent dominer dans leur pays, font la guerre aux » hommes; les chasseurs ne la déclarent qu'à des bêtes féroces,

(1) Ξενοφωντι τω Γρυλλου λελεκται, καθοτι εοικε τη πολεμικη επισημη η κυνηγετικη και ην τινα ηλικιαν εχοντα χρη ελθειν επι το εργον, &c., Arrien, *Cyn. ch. I, 1.* Remarquez bien καθοτι εοικε τη πολεμικη επισημη η κυνη-γετικη, et ces mots, η κυνηγετικη (s. τεχνη), et ceux qui suivent, και ην τινα ηλικιαν εχοντα χρη επι το εργον. A επι το εργον, Arrien sous-entendoit της κυνηγετικης, qui précède, et non αρκυων, mot qui ne se trouve point dans la phrase. C'est donc l'âge du chasseur, et non l'âge du garde-filet, qu'Arrien juge avoir été déterminé par Xénophon.

» à des ennemis de l'homme ; ils méprisent tout gain sordide,
» toute action lâche ; leur langage décèle la générosité de leur
» ame. Si donc les jeunes gens se rappellent mes conseils, et
» qu'ils s'y conforment, ils seront religieux, respectueux en-
» vers la divinité ; persuadés qu'ils l'ont pour témoin de leurs
» actions, ils feront la joie de leurs parens, ils deviendront le
» soutien de leur patrie, de leurs amis, de leurs concitoyens. »
Voyez chap. XII.

Encore une fois, est-ce donc à des esclaves que s'adresse
cette doctrine! N'est-ce pas à ses concitoyens, à la jeunesse
de son pays, que parle l'homme d'état ami de son pays?

Voulez-vous un passage où il soit question d'un serviteur,
d'un garde-filet, d'un αρκυωρος ; vous le trouverez dans le
V.ᵉ chapitre, n.º 11. Nous y voyons le chasseur appelé τον
κυνηγετην (1), et suivi de son garde-filet, τον δε αρκυωρον επεσθαι.

Continuons d'écouter Xénophon, s'expliquant avec cette
antique simplicité qui caractérise l'école de Socrate.

« Je vais, nous dit-il, parler des qualités que l'on (le chasseur) doit avoir et des préparatifs que l'on doit faire. »

D'après cette phrase et les précédentes, je me suis attendu tout
naturellement à l'exposé des qualités du chasseur, et j'ai traduit :
*Un bon chasseur doit être Grec de langue, âgé d'environ vingt ans,
leste, robuste, et doué d'un courage à l'épreuve. Avec ces avantages,
il surmontera la fatigue ; la chasse ne lui offrira que du plaisir.*

Que l'on réfléchisse bien sur cette dernière idée, *avec ces
avantages, il surmontera la fatigue ; la chasse ne lui offrira que
du plaisir.* De qui s'entendent *il* et *lui!* Du gardien de filets,
me répondent M. Weiske et autres critiques. S'il en est ainsi,
je vais changer le titre de mon ouvrage, et adopter celui-ci :

---

(1) Ici le chasseur est appelé τον κυνηγετην, comme au *chapitre II*
il est appelé των αρκυων επιθυμουντα του εργου. Dans les deux passages il
y a synecdoche. Au reste, l'épithète κυνηγετης convient bien au chasseur à pied. Que sa main droite, dit Oppien (Cyn. *I, 91 sq.*), agite
de longs javelots ; de sa gauche, s'il est à pied, il guidera les chiens,
λαιη δε πεζος μεν αγει κυνας, Cyn. *I, 95.* Aussi, dès son début *(I, 1)*,
dit-il αγεαι και κυνες.

F 2

Traité de la Chasse, composé au sein d'une République grecque, en faveur des Esclaves.

A toutes les preuves que nous avons données, ajoutons l'autorité de Xénophon le jeune, d'Arrien, qui, dans son *chapitre I.ᵉʳ*, où il offre la récapitulation des Cynégétiques du disciple de Socrate, a jugé, ainsi que moi, qu'il s'agissoit de l'âge, non d'un esclave, non d'un garde-filet, mais d'un homme de condition libre, à qui il recommande la chasse comme partie essentielle d'une bonne éducation.

Observations sur les différentes sortes de Filets des Grecs.

Xénophon distingue trois sortes de filets (1), les *arcus*, les *enodia*, les *dictua*.

L'*arcus* [αρκυς], nous dit Suidas, est un filet de chasse, δικτυον θηρατικον. Avec une pareille définition, on se demande encore, qu'est-ce que l'arcus? Hésychius en donne du moins une idée, en l'appelant γυναικειον κεκρυφαλον, *reticulum fœmineum*, réseau, coiffe; en italien, *scoffia*. Pollux (*V, 31*), dans ce qui suit, κεκρυφαλος αρκυος ή κοιλοτης, appelle κεκρυφαλος la partie concave de l'arcus. C'est, en quatre mots, avoir ébauché la forme de l'arcus dont parle Xénophon, *VI, 7*.

Si l'on en croit Pollux (*V, 2*), les cordelettes de l'arcus se terminoient en pointe, εις οξυ καταληγουσαι (sous-ent. αρκυες), et devoient être de neuf fils, εννεαλινοι. Cependant je vois dans Xénophon (Cynég. *X, 1*), des arcus dont le cordeau est composé de trois cordelettes qui réunissent quarante-cinq brins, πεντε και τετταρακοντα λινοι εκ τριων τονων· εκαστος δε τονος εκ πεντε και δεκα λινων. Pollux n'avoit donc lu, pour sa définition de l'arcus, que le *chap. II* des Cynégétiques.

_____

(1) Un savant, après avoir observé que chez les anciens Grecs, les instrumens de chasse n'étoient que des instrumens de guerre, également employés et contre les hôtes des forêts et contre l'homme, tels que la hache, l'arc, le javelot, la pique, la massue, ajoute que les Grecs ne connurent que long-temps après Homère, les piéges et les filets : assertion inexacte ; car Homère fait mention de filets, *Il. V, 487*, et *Odys. XXII, 386*.

Cette inexactitude de Pollux a conduit quelques savans à une fausse définition de l'arcus. Xénophon, *ch. II*, donne à ce filet neuf fils, cinq empans de grandeur, et des mailles de deux palmes de largeur, les péridromes sans nœud. Au *chapitre X*, il compose le cordeau de trois cordelettes réunissant quarante-cinq brins, et veut que chaque maille, βϱχϛ, ait une coudée de largeur. Pourquoi cette différence? c'est que dans le *II.ᵉ chapitre* il destinoit son arcus à la chasse du lièvre, tandis que dans le *X.ᵉ* il le destine à celle du sanglier.

L'*arcus* servoit donc à la chasse même des animaux sauvages.

Les *enodia*, ainsi nommés de εν, *sur*, et de ὁδός, *chemin*, se plaçoient sur les chemins ou passées des animaux. On les faisoit avec des cordelettes de douze fils réunis; ils avoient deux, quatre, cinq *orgyies* ou *brasses* de longueur.

Le *dictuon*, dans le principe (Pollux, *V, 4*), s'entendoit de toute sorte de filet. Παντα μεν ουν τα ᾽Σηϱατικα πλεγματα, δικτυα χαλοιτ' αν. (Selon Phérécrate, ἑρχη, *septa*, enceinte, offre la même idée.) Mais, avec le temps, ce mot s'éloigna de sa signification primitive, et, dans la langue des chasseurs, désigna *les grands filets.*

Les mailles du dictuon (Pollux, *V, 4*) étoient de seize fils réunis, et sa longueur étoit de dix à trente *orgyies* ou *brasses.* Xénophon conseille de ne pas les faire plus longs, de peur qu'ils ne soient trop difficiles à manier. Cependant Gratius veut que le grand filet ait quarante pas d'étendue (deux cents pieds de roi environ), et dix mailles de hauteur, tandis que Xénophon en demande trente :

> . . . . . *Bis vicenos spatium prætendere passus.*
> *Rete velim, plenisque decem consurgere nodis.*
> *Ingrati majora sinûs impendia sument.*

Mais quelles étoient l'ordonnance et la disposition de ces différentes sortes de filets? Nous voyons dans Oppien les *arcus* se placer entre les *dictuon*, δικτυα τ'αμπετασαντο, χαι αρχυας αμφεϐαλοντο (Cynég. *V, 381*); mais dans Xénophon (*VI, 5*), les *arcus* se tendent aux sentiers raboteux, aux terrains inclinés, aux détours spacieux, dans les lieux obscurs, aux ruisseaux, aux ravins, aux torrens rapides. Τας αρκυς ἱϛατω αμφι δρομους, ὁδους τραχειας, σιμας, λαζαρας, σκοτεινας, ρους, χαραδρας, χιμαρρους αεινναους. C'étoit dans les plaines que l'on dressoit les *dictua*, τα δικτυα τεινετω εν απεδοις, *VI, 9*. On posoit les *enodia*, VI, 9, sur les sentiers, hors des chemins battus, où le chasseur le jugeoit convenable, εκ των τριμμων εις τα συμφεροντα.

On les consolidoit en fixant les péridromes sur la terre, καθαπ]ων τους περιδρομους επι την γην (*ibid.*), en serrant les extrémités du filet, τα ακρολινια συναγων, en enfonçant les fourches entre les *sardones*, et en attachant les épidromes au haut de ces fourches, πηγνυων τας χαλιδας μεταξυ των σαρδονιων, επι ακρας εμβαλλων τους επιδρομους.

Lorsque les filets étoient dressés, il pouvoit rester des issues (1) occasionnées par l'inégalité du terrain : on recouroit alors à des filets que Xénophon ne nomme pas; Pollux les appelle *embolion*, εμβολιον.

Nous venons de nommer les *péridromes*, les *épidromes*, les *sardones* (2). Quelle idée attacher à ces termes techniques, à

_____

(1) Xénophon se borne à dire qu'il faut boucher ces issues, παραδρομα συμφρατ]ων, *VI, 9*. Pollux, ici plus précis, fait mention de ces petits filets alors nécessaires, εχετω δε και αλλα μικρα δικτυα, ει και διασηματα προσαπφραξαι δεοι, Poll. *VI, 35*. — *Ibid*. Pollux explique le παραδρομα de Xénophon : où le chasseur soupçonnera que l'animal est retiré, là, dit-il, le chasseur laissera διασηματα προς τας διαδρομας ἁ καλειτη παραδρομα.

(2) J'ai conservé les mots *péridromes*, *épidromes*, *sardones*, *arcus*, &c., *enodia*, *dictua*, *hypocolies* et autres. Deux critiques me l'ont reproché : suivant l'un, il m'étoit facile de trouver des équivalens dans la langue françoise; l'autre avouoit que nous n'avons en françois aucun équivalent de ce mot, mais prétendoit que j'aurois dû au moins tâcher de donner des idées confuses. Pour moi, ne voulant faire aucun effort pour donner des idées confuses, j'ai cru devoir franciser les mots grecs qui n'ont pas d'équivalens dans notre langue. *Voyez* les Cynég. d'Oppien, *I, 150*, édit. de M. Belin. Sur la nomenclature des *filets*, nous interrogerions en vain les interprètes latins. Le même mot est traduit par l'un, *rete*; par l'autre, *cassis*; par un autre, *plaga*; quelquefois ces trois différens mots ont été

cette nomenclature, qui a ses difficultés! Au défaut de monumens anciens qui peignent les objets à nos yeux, interrogeons
le texte, et parlons d'abord du *brochos*, βϱϱχος.

Définition du BROCHOS.

Si nous remontons à l'étymologie, ce mot, dérivé de βϱϱχος (1), *gosier*, signifie un *lacs* à serrer la gorge, une *corde* à
se pendre. C'est dans ce sens que Cratès l'emploie dans ce
distique recueilli par Laërce, *VI, 356* :

Εϱωτα παυει λιμος· ει δε μη, χϱονος·
Εαν δε τουτοισι μη δυνη χϱησθαι, βϱϱχος.

Hésychius et Suidas offrent cette seule acception. Mais dans
Pollux, *V, 28*, le *brochos*, βϱϱχος, est un interstice carré, composé de quatre nœuds, qui devient rhomboïde lorsqu'on tend
l'arcus, ὁ βϱϱχος τετϱαγωνον διασημα (2) συνεστηκος εκ τετλαϱων αμμα-
των, ὁ τεινομενης της αϱκυος γινεται ϱομβοειδες. Voilà la forme de la
maille bien décrite (3). Cependant un savant distingué prétend
qu'on doit entendre le βϱϱχος de la bourse de l'*arcus*. Mais peut-

---

employés par le même interprète à la définition du même mot: en
sorte que lorsqu'on a bien lu les versions latines, on est environné
de ténèbres. C'est du texte seul, considéré dans ses antécédens et ses
conséquens, que peut sortir la lumière.

(1) Βϱϱχος. Voici une note de Lennep sur ce mot : « Βϱαγχος
raucedo faucium, propriè idem est quòd βϱϱγχος *et* βϱϱχος *fauces, unde
nostrum eximiè ad morbum faucium translatum. Rac.* βϱαζω *ou* βϱωζω,
*quæ propriè sonum imitantur qui adductis faucibus editur, vel etiam
faucibus adductis unà cum rebus erumpentibus fit.* Βϱϱχος *et* βϱϱγχος
guttur, seu aspera arteria, unde βϱϱχος *laqueus, restis.* » Sur βϱϱχος,
nœud coulant, voyez mon Mémoire sur Thucyd. *p. 195 et sq.*

(2) *Quadruplici tormento adstringere limbos*. Le *quadruplici tormento* de Gratius fait allusion au πετϱαγωνον διασημα de Xénophon.
Au lieu de *limbos*, peut-être faut-il lire *lina*.

(3) A l'occasion de ce passage, Scaliger dit : *Vide quàm apertè
macularum* το σχημα *vocavit virgatum Pollux.* La version *virgatum*,
prouve que Scaliger à lu ϱαβδοειδες ; la leçon des mss. est ϱομβοειδες.
Voyez la note de J.

E 4

on, sans forcer le texte, trouver ce sens et dans les passages que j'ai cités, et dans les suivans !

En parlant de l'arcus, *II, 5*, Xénophon veut que les mailles de l'arcus aient deux palestes ou deux palmes de largeur, αρκυες εςωσαν διπαλαιοι τους βροχους. Dira-t-on qu'il soit question ici de bourses de l'arcus ! S'agit-il de bourses de l'arcus dans cette autre phrase, où il dit : επ δ'ακρας (sous-ent. χαλιδας) ισους τους βροχους εμβαλλετω *(VI, 7)*, et que je crois devoir traduire ainsi, *au haut des fourches, que le garde-filet passe les mailles de même rangée ;* et au ch. *X, 7, on tendra les arcus aux différentes entrées, en jetant les mailles sur les branches fourchues du bois qui peuvent servir de support,* εμβαλλοντα τους βροχους επ αποχαλιδωματα της υλης δικρα.

Définition des PÉRIDROMES et ÉPIDROMES.

Après avoir dit que le *brochos* et le *péridrome* constituoient les deux parties principales de l'*arcus*, et que le *brochos* étoit *la bourse,* le savant M. Belin ajoute que le *péridrome* ou *épidrome* est la corde passée dans la dernière rangée des mailles, tant dans celle d'en haut que dans celle d'en bas ; définition conforme à celle de Pollux *(V, 28)*. Mais, dans Xénophon, ces deux mots, loin d'être synonymes, me semblent offrir chacun une acception diamétralement opposée. En parlant des *péridromes,* il veut que le chasseur les fixe sur la terre, καθαπλων περιδρομους επ την γην *(VI, 9).* Dans un autre endroit, de peur que le filet ne se détende lorsque le lièvre y sera pris, il dit de poser sur le péridrome une grosse et longue pierre. Voilà bien le péridrome désignant deux fois la corde passée dans la dernière rangée des mailles d'en bas. Cherchons un passage où il soit question de l'épidrome.

Je le trouve dans le même chapitre, où il s'exprime ainsi : *Fixez les péridromes à terre : quant aux épidromes, attachez-les,* et plus littéralement, *jetez-les sur le haut des fourches,* επ ακρας (sous-entendu χαλιδας) εμβαλλων τους επιδρομους. Voilà bien les péridromes mis en opposition avec les épidromes (1). C'est

(1) Pline, *liv. XIX, ch. 1,* parle d'*épidromes.*

sans doute ce passage que Pollux (*l. V, ch. 14*) avoit en vue, lorsqu'il dit : *Quelques-uns ont appelé péridrome la corde d'en bas, épidrome la corde d'en haut,* τον μεν εκ του κάτω περιδρομον. επιδρομον δε τον ανωθεν. Au reste, avouons qu'au *chapitre X, 2,* Xénophon semble avoir pris le mot *péridrome* dans le sens le plus étendu, pour épidrome et péridrome, c'est-à-dire, pour les cordes supérieure et inférieure.

Des PÉRISTROPHES.

Les *péridromes* et *épidromes* se désigneront encore par un seul mot, celui de περιστροφοι. Selon Jungermann, Pollux, *IV, 29,* ne prend les *péristrophes* que dans le sens de *péridromes.* Mais je crois à ce mot une acception plus étendue, du moins dans Xénophon. Quand notre auteur nous apprend que les *péristrophes* doivent être faites de fil tors, απο στροφειων, est-il probable qu'il ne désigne que la corde inférieure ou *péridrome,* et qu'il ait voulu garder le silence sur la corde supérieure ou *épidrome!*

SPITHAME, PALESTE, ORGYIE.

Le *spithame* est une sorte de mesure qui commence à l'extrémité du pouce et finit à celle du petit doigt, quand ces deux extrémités sont aussi éloignées l'une de l'autre qu'elles peuvent l'être. (*Voyez* Pollux, *l. II, ch. 157.*) Le grand Vocabulaire françois, trop souvent inexact dans ses définitions des mesures anciennes, applique au mot *empan,* synonyme de *pan* ou *palme,* la définition que je viens de donner du *spithame.*

La *paleste.* Quatre doigts fermés formoient une *paleste.* (*Voyez* Pollux, *l. II, ch. 157.*) A la *paleste* des Grecs répondoit le *palmus* des Romains, appelé en françois *palme.*

L'*orgyie.* Les bras étendus, la poitrine comprise, donnoient une *orgyie grecque* (*voyez* Poll. *liv. II, ch. 158*). L'*orgyie* étoit aussi une mesure égyptienne (*voy.* l'Hérodote de M. Larcher). Notre mot *brasse* correspond exactement à l'*orgyie* grecque.

Des MASTOS.

Les *enodia* avoient une partie appelée μαστι. Un savant

hésite sur la définition de ce mot. Serai-je plus heureux en disant que les μασοι étoient des nœuds en forme de mammelons! Au lieu de μασοι, mammelons, les *dictua* avoient des anneaux.

Des SARDONES.

Xénophon, *ch. VI, 9*, parle de *sardones*. Si nous consultons Hésychius, nous y lisons : Σαρδονες εν κυνηγετικω μερει τινα δικτυων δηλουνται. A μερει, Jungermann substitue, avec raison, μερη. Les *sardones*, d'après Hésychius, sont donc des parties de filet. Mais quelle place les *sardones* occupoient-elles dans le filet! Pollux, *V, 31*, nous dit : Τουτοις δε (δικτυσι) σαρδονες προσπλεκονται, οπερ εςι ωα του δικτυου, μεια τον τελευταιον βροχον ανεχουσα το δικτυον, ουπερ ο περιδρομος ην ο επιδρομος ταις χαλισι κậια το δικρουν επεςι (au lieu de ην ο επιδ., je crois qu'il faut lire ή ο περιδ. κậια το δικρουν. *Secundùm elevationem*, dit le traducteur latin. Kühn traduit bien plus exactement : *eâ parte, quâ biceps bifurcata est*); ce qui signifie, *on ajoute à ces sortes de filets*, des sardones, *qui sont la frange du filet, et qui soutiennent le filet après le dernier rang de mailles, à l'endroit où le péridrome ou l'épidrome porte sur la fourche*. Mais c'est n'expliquer qu'imparfaitement le mot *sardones*, qui désigne peut-être des morceaux de liége servant de frange aux filets.

Observations sur deux passages de Xénophon et d'Hérodote, relatifs au Commerce et à la Navigation des anciens.

Nous venons de parler de quatre sortes de filets, de leur dimension, de la grandeur de leurs mailles, de l'emploi de ces filets, &c. ; ce qui nous reste à examiner, c'est d'où les Grecs tiroient leurs fils. Xénophon nous apprend que ces fils venoient du Phase ou de Carthage.

On conçoit (1) que les Grecs fissent venir du lin de

(1) Tout en le concevant, convenons des difficultés du trajet. Pour aller du Péloponnèse à Carthage, il falloit, en traversant la

Carthage (1), qui étoit près d'eux; mais qu'ils en allassent chercher au Phase, et qu'ils l'appelassent *lin sardonique*, c'est une circonstance précieuse pour l'histoire du commerce et de la navigation des anciens. Du temps d'Hérodote (2), ce commerce florissoit; et ce que nous en apprend le prince des historiens, qui avoit voyagé dans la Colchide, me paroît bien fait pour piquer notre curiosité. Malheureusement nous sommes bien loin de l'époque où Hérodote lisoit son Histoire aux Grecs assemblés aux jeux olympiques. Efforçons-nous cependant de soulever un coin du voile.

Les Grecs, nous dit Hérodote, appellent *lin sardonique* celui qui leur vient de la Colchide. Cette phrase, susceptible de deux interprétations, peut signifier que de la Sardaigne, où il croissoit, le lin se portoit tout filé dans la Colchide, ou que ce lin provenoit de la graine de Sardaigne transportée en Colchide. La première de ces deux interprétations me semble inadmissible. En effet, jamais on ne se persuadera que, de la Sardaigne, les vaisseaux Colques vinssent reconnoître le cap Ténare; que les Grecs, les recevant dans leurs ports, oubliassent de se pourvoir de lin dans leurs ports et sur les vaisseaux mêmes qui en étoient chargés, et qu'ils allassent le chercher trois cents lieues plus loin. Nous supposerons donc, avec plus de vraisemblance, que les Grecs appeloient lin sardonique, un lin provenant de la graine de Sardaigne (3) transportée en Colchide.

---

mer, perdre la terre de vue : or, à cette époque, l'usage de la boussole étoit inconnu. Si l'on eût voulu conserver la vue de la terre et côtoyer le golfe de Venise, qui a deux cents lieues de longueur, le chemin auroit été plus long qu'en allant à la Colchide.

(1) A des époques éloignées, les Carthaginois furent maîtres de la Sicile, de la Sardaigne, des îles Baléares, de l'Espagne. Carthage devoit fournir du lin à toutes ces contrées, ou du moins de la graine de lin.

(2) *Liv. II, ch. 105.*

(3) Simonide (Fulv. Urs. *Carmina nov. il. fem.*) fait mention d'un certain Talo, qui, avant d'arriver en Crète, avoit habité la Sardaigne. Dans le fragment qui suit immédiatement, se trouve l'origine du rire sardonique.

Cette dernière supposition paroîtra vraisemblable à ceux qui se rappelleront que nos beaux lins de Flandre (1) proviennent des graines de Riga (2), d'où, tous les ans, on tire ses provisions (3); que celles qui naissent en Flandre ne sont point propres à être semées et ne servent qu'à faire de l'huile.

Cet usage d'importer la graine seroit-il plus inconcevable pour les habitans du Phase que pour ceux de la Belgique? Les Colchidiens, navigateurs, agriculteurs et commerçans, ne pouvoient-ils pas avoir observé, comme ceux des Pays-Bas, que toute graine importée étoit d'un grand produit?

On m'objectera peut-être que la graine de lin est en général de meilleure qualité dans les pays du nord; qu'il est dans l'ordre que la Belgique s'adresse aux habitans de Riga; mais que l'on doit s'étonner de voir des peuples asiatiques en demander à des Européens occidentaux. A cela je répondrai qu'avant les conquêtes des Romains, la Sardaigne et même toute l'Europe, alors couvertes de forêts, étoient beaucoup plus froides qu'aujourd'hui; que dans les premières années de l'ère chrétienne, l'olivier et le figuier ne croissoient pas dans les parties septentrionales de l'Espagne. Je répondrai encore que la Sardaigne est à-peu-près à la même hauteur que le Phase, c'est-à-dire, à-peu-près sous le même climat; et qu'ainsi, à hauteur égale, ou sous les mêmes latitudes, la Gaule étant couverte de forêts dans les temps d'Hérodote et de Xénophon, il devoit faire plus

---

(1) On ne sème jamais avec la graine qui vient en Flandre.

(2) Le commerçant de Riga, en vendant sa graine, en garantit la qualité; en sorte que l'acheteur est déchargé de toute obligation, si la graine ne pousse pas, une fois levée de terre. Le commerçant du Phase vendoit peut-être aux mêmes risques et périls.

(3) Il en est à-peu-près ainsi de nos grains, sur-tout du froment, que l'on renouvelle presque tous les ans, et que l'on fait venir d'une certaine distance. On sait que, des environs de Beaumont-sur-Oise, par exemple, le cultivateur, pour ensemencer ses terres, va s'approvisionner de grains de froment du côté de Beauvais. Tous les laboureurs de la partie qu'on appeloit le Vexin-François et la France proprement dite, renouvellent annuellement leurs semences, en tirant le grain du pays de Soissons.

roid en Europe qu'en Asie. Mais, me dira-t-on encore, Car-
hage (1) n'étant qu'à cent quatre-vingts lieues marines du Pélo-
onnèse, comment expliquer que les Grecs allassent chercher
loin, c'est-à-dire, à plus de trois cents lieues du Pélopon-
èse, ce qu'ils avoient si près d'eux? La raison en est dans les
uerres, d'un côté; de l'autre, dans les difficultés de négocier
vec une nation étrangère, tandis qu'en se dirigeant vers le
hase, les Grecs traitoient avec leurs colonies, et naviguoient
long de contrées amies et toutes peuplées de villes grecques.

Le passage que je discute étant d'Hérodote, j'ai dû lire et j'ai
tout ce qu'en dit son célèbre interprète. M. Larcher soupçonne
le faute dans l'original, et voudroit lire Σαρδιανιχον, *lin de Sar-*
s, au lieu de Σαρδονιχον, *lin de Sardaigne.* Tout en rendant
ommage à sa haute érudition, qu'il me soit permis de ne point
rtager son opinion; et voici mes motifs; je vais les exposer
ec la vénération due à l'un des patriarches des lettres grecques:

1.° La leçon Σαρδονιχον existe dans tous les mss. que j'ai
nsultés;

---

(1) Gratius, dans ses Cynég., ne nomme pas expressément le lin
  Carthage. Je crois cependant, avec Vlitius, que c'est le lin de ce
  ys qu'il désigne vers 34:

> *Optima Cyniphiæ, ne quid cunctere, paludes*
> *Lina dabunt;*

le Cynips est un petit pays de la Libye, extrêmement fertile.
n'ajouterai pas, avec Johns (*voyez* sa note sur ce vers 34), que le
nips étoit peu éloigné de Carthage, puisqu'il étoit près de la
nde Syrte, à cent quarante lieues de Carthage, et à pareille dis-
ce du Péloponnèse, en ligne droite. Le Cynips portoit le nom
fleuve qui l'arrosoit; d'où nous conclurons, en passant, que la
ile n'étoit pas seule en possession, ainsi que le prétend Warton
is son Théocrite, *Id. I, 61,* de donner à ses villes et à ses mon-
nes les noms des fleuves qui les arrosoient. Le fleuve du Phase
voit-il pas aussi donné son nom à la ville du Phase dont nous
ons de parler! Il seroit facile de cumuler de semblables exemples.
Hérodote *(liv. IV, ch. 175)* parle en général de la prodigieuse
ilité du Cynips, mais ne dit pas expressément, comme Gratius,
son territoire est fertile en lin, *Voyez* Strabon, *835.*

2.° Pollux lui-même parle de lin de Sardes; mais immédiatement après, il fait mention, sur la foi d'Hérodote, du lin de Sardaigne, Σαρδονικον, leçon défendue par Kühn. Voilà une distinction bien établie entre l'un et l'autre lin.

Au premier de ces deux argumens, on objectera peut-être, avec M. Larcher, que Pollux a pu trouver une faute dans l'exemplaire dont il se servoit. Mais peut-on aisément se résoudre à juger fautif un mot qui se trouve dans Pollux, dans trois manuscrits, et que semble autoriser Xénophon! Dans son *chapitre VI, 9* des Cyn., cet historien fait mention de *sardones*, instrumens faisant partie du filet, et ainsi appelés sans doute de la Sardaigne, pays où ils se fabriquoient; il emploie le mot Σαρδονιον et non Σαρδιανων. Hésychius lit, ainsi que Pollux, Σαρδονες. Voilà donc encore trois autorités en faveur de la leçon Σαρδονικον. Dans Hérodote, comme dans Xénophon, dans Hésychius et dans Pollux, je vois la Grèce importer du lin de Sardaigne, et non de Sardes; je vois les Grecs, amis de la chasse, en rapport, par l'intermédiaire du Phase, avec des insulaires à qui les travaux de la chasse et de la pêche ne pouvoient être étrangers; par l'intermédiaire du Phase, je les vois tirer de la Sardaigne, des *sardones*, instrumens faisant partie des filets : il faut donc conserver et lire Σαρδονικον et Σαρδονες.

Au deuxième argument, où nous citons Pollux parlant du lin des Sardes, si l'on nous arrête, et que l'on nous demande pourquoi les Grecs n'en tiroient pas de Sardes plutôt que du Phase, nous répondrons que Sardes étoit non sur la mer, mais dans l'intérieur des terres; que les colonies des Grecs, dans la mer Noire, pouvoient porter de préférence leurs marchandises dans la Colchide; que leurs moyens d'échange pouvoient convenir à la Colchide plutôt qu'à Sardes.

A toutes ces preuves ajoutons-en une autre prise du texte même d'Hérodote. Les Grecs, dit cet historien, appellent lin sardonique celui qui leur vient du Phase, et lin égyptien celui qui leur vient d'Égypte. Ceci a-t-il besoin de commentaire! Le lin égyptien s'appeloit ainsi, parce qu'il venoit d'Égypte; le lin du Phase s'appeloit donc *sardonique*, parce qu'il venoit originairement de Sardaigne.

Xénophon ne nomme pas le lin d'Égypte ; ce qui me porteroit à croire, ou que depuis Hérodote jusqu'à Xénophon, ce lin avoit dégénéré, ou du moins qu'à raison de sa blancheur et de sa foiblesse, il ne convenoit pas au chasseur : c'est une de ces opinions qu'il faut admettre ; car le lin d'Égypte est vanté par Hérodote, Pline et Gratius. Voici le vers de ce dernier :

Sic operata suo sacra ad Bubastia (1) *lino...*

Dans un morceau relatif à la Colchide, j'espérois que l'ouvrage du savant Huet, sur la navigation des anciens, me fourniroit quelque observation importante ; mais je me suis vu trompé dans mon espérance. Recueillons du moins quelques particularités éparses dans Strabon, Pline, et, parmi les modernes, dans Peyssonnel et Chardin.

Le premier de ces écrivains (2) nous apprend qu'à Dioscurias en Colchide, le commerce rassembloit des négocians de trois cents nations différentes.

Pline (3) rapporte, d'après Timosthène, que Dioscurias étoit le chef-lieu de trois cents nations parlant différens idiomes, et qu'à l'époque où les Romains établirent leur domination dans cette cité autrefois célèbre, les affaires s'y traitoient encore par l'entremise de cent trente truchemens.

Les mines de la Colchide, nous dit l'auteur des Observations historiques sur les barbares habitans des bords du Danube et du Pont-Euxin (4), les riches mines de la Colchide, qui fournissent encore aujourd'hui à l'empire Ottoman tant de métaux précieux, étoient connues du temps de Procope. Il y a même apparence que la découverte en avoit été faite dans les temps les plus reculés ; et c'est peut-être là la véritable

---

(1) Bubaste, ville d'Égypte.
(2) *Liv. XI, p. 498* ou *761.*
(3) *Liv. VI, 5.*
(4) *Pag. 69.*

toison d'or qui engagea Jason et les Argonautes (1) à entre-
prendre leur voyage.

La Colchide, dit Chardin (2), qui rapportoit autrefois
beaucoup de lin, a conservé son ancienne richesse. Le prince
de la Mingrelie, qui est l'ancienne Colchide, paye à présent
aux Turcs un tribut annuel de soixante mille brasses de toile
de lin faite dans le pays même.

CHAPITRE III.

*Chiens castorides, et Chiens alopécides. — Défauts des Chiens
de chasse.*

Gratius (Cynég. *vers 154*) compte parmi les chiens de
nombreuses espèces, *mille canum patriæ*. On en comptoit trois
principales à Lacédémone (Miscel. Lacon. *l. III, ch. 1*) : la
première, la plus vantée, provenoit d'un chien et d'une chienne
de Lacédémone ; la seconde, d'un chien de Lacédémone et
d'un Molosse. Horace *(épode VI)* les préconise dans ces vers :

> *Nam, qualis aut Molossus aut fulvus Lacon,*
> *Amica vis pastoribus ;*

la troisième, la moins estimée, provenoit d'un chien de Lacédémone et d'un renard, αλωπηξ *(voy.* Arist. *A. l. VIII, ch. 28)*.
Xénophon, dans ce chapitre, n'en nomme que deux, les *alopécides* et les *castorides* (3). Les alopécides provenoient-ils du
chien et du renard femelle, ou de la chienne et du renard mâle ?
C'est ce que nous ignorons absolument. Nous sommes encore

***

(1) *Voyez* Huet, Histoire du commerce et de la navigation,
pag. 404. — Sur la toison d'or, ou plutôt sur une laine brillante,
couleur d'or, *voyez* dans *la Clef du Cabinet*, 23 germinal an 7, un
intéressant article extrait des Annales d'agriculture.

(2) Voyages de Chardin, *t. I, p. 115.*

(3) Nous ne chercherons point à définir les deux variétés principales de chiens, connues chez les Grecs sous le nom de *castorides*
et d'*alopécides ;* et comment y parvenir, lorsque Xénophon lui-même
nous apprend qu'avec le temps les deux espèces (savoir, les castorides
et les alopécides) se sont mêlées au point qu'on ne les distingue plus !
Εν πολλω χρονω συγκεκραται αυτων ή φυσις.

plus

plus embarrassés sur la définition des castorides. Thémistius *(oratio I)*, pour nous la donner, renvoie à Xénophon. Hésychius nous apprend que c'étoit une espèce de chien, ειδός τι κυνων. Nicandre de Colophon, cité dans Pollux *(V, 40)*, les appelle *alopécides*, c'est-à-dire qu'il ne fait qu'une espèce de deux espèces distinguées par notre auteur. Nous nous bornerons donc à dire que les uns et les autres étoient des chiens de Laconie. Nulle difficulté pour les *alopécides;* nous avons le témoignage d'Aristote, Hist. anim. *l. VIII, ch. 28.* Quant aux *castorides,* Castor, fils de Léda, ayant été nourri, élevé et formé dans Pellène, ville de Laconie, à tous les exercices des Spartiates, ne sommes-nous pas fondés à les ranger dans la classe des chiens de Laconie! Ne pouvons-nous pas en dire autant des chiens ménélaïdes *(voyez* Pollux, *liv. V, ch. 37)*, puisque Ménélas avoit été roi de Lacédémone ; des chiens amycléens, puisqu'Amyclée étoit une ville voisine de Lacédémone; des chiens du Taygète et des Cynosurides *(voy.* Callim. de Spanh. *t. II, p. 238)*, dont les premiers rappellent le nom d'une montagne fameuse en Laconie, et les autres, celui d'une tribu du même pays!

De l'indication des variétés principales des chiens, Xénophon passe à l'exposition de leurs défauts (1). On concevra facilement qu'il range au nombre des mauvais chiens, ceux qui, attachés aux sentiers battus, ne discernent pas les vraies races (2), et ceux qui sautent par-dessus les passées du lièvre

---

(1) *Voy.* et la traduction de ce chapitre III, et les notes critiques, au n.º 6, où il s'agit des chiens apercevant le lièvre. Je propose de conserver τρεμουσι, et de traduire, *ils restent étonnés.* S'il ne s'agissoit pas ici de chiens vicieux ; comme au moment où le chien voit le lièvre et entre en arrêt, il tremble de joie, agite la queue, et regarde son maître, je traduirois, *ils tremblent de joie. Ils restent étonnés* me semble préférable. A la vérité τρεμω signifie proprement *craindre;* mais l'étonnement ne suppose-t-il pas bien souvent la crainte! Nous croyons donc inutile ηρεμουσι et ατρεμουσι, que propose M. Courier, et dont le dernier a été, avant lui, proposé par Brunck. Au reste, M. Schneider, citant la conjecture de Brunck, l'approuve hautement.
(2) *III, 7.*

G

coureur, et ceux à qui échappent les traces du lièvre qui
gîte (1) : Ὅσαι δε των κυνων τα ιχνη τα μεν ευναια αγνοϝσι, τα δε
δρομαια παχυ διατρεχουσιν, ουκ εισι γνησιαι. De ces deux mots, τα
μεν ευναια, τα δε δρομαια, le premier s'entend des traces du
lièvre allant à son gîte. Comme elles se conservent plus long-
temps, parce qu'en allant à son gîte le lièvre imprime ses pas
sur sa route, le chien qui ne les reconnoît pas est mauvais
chasseur. Δρομαια s'entend des traces du lièvre qui court, soit
parce qu'il est lancé hors de son gîte, soit parce qu'il est lièvre
coureur. Xénophon, Buffon et Valmont de Bomare reconnoissent des lièvres de cette dernière espèce. Voici comme le
premier s'exprime :

« Le lièvre qui gîte, ὁ ευναιος, choisit en hiver des lieux
abrités ; les ombrages pendant les chaleurs ; au printemps, en
automne, les lieux exposés au soleil. Il n'en est pas de même
du lièvre coureur ; οἱ δε δρομαιοι ουχ ουτω (ch. V, n.° 9). »

« Les lièvres des montagnes (même chapitre, n.° 17) courent
plus rapidement que ceux de plaine ; ceux des marais sont plus
lents : mais on prend plus difficilement les lièvres errans, οἱ
πλανηται ; car ils connoissent les chemins courts. »

« En général (dit Buffon, t. VII, p. 118, in-12), tous les
lièvres qui sont nés dans les lieux mêmes où on les chasse,
ne s'écartent guère ; ils reviennent au gîte ; et si on les chasse
deux jours de suite, ils font le lendemain les mêmes tours et
détours qu'ils ont faits la veille. Lorsqu'un lièvre va droit et
s'éloigne beaucoup du lieu où il a été lancé, c'est une preuve
qu'il est étranger, et qu'il n'étoit en ce lieu qu'en passant. Il
vient en effet, sur-tout dans le mois de janvier, de février et
de mars, des lièvres mâles qui, manquant de femelles dans
leur pays, font plusieurs lieues pour en trouver, et s'arrêtent
auprès d'elles ; mais dès qu'ils sont lancés par les chiens, ils
regagnent leur pays natal et ne reviennent pas. » Voilà bien,
du moins dans quelques circonstances, des lièvres δρομαιοι et

_____

(1) III, 8.

πλανηται. Valmont de Bomare, à l'article du lièvre, reconnoît aussi des lièvres errans.

Vlitius (1) prétend que ευναιοι et δρομαια s'entendent toujours des traces de l'animal qui va à son gîte ou qui s'en éloigne; ce qui ne me paroît point exact, puisque le lièvre coureur, loin de s'éloigner de son gîte lorsqu'il est poursuivi et qu'il laisse sur la terre ιχνη δρομαια, retourne au contraire à son gîte. Je traduirois δρομαια ιχνη *(III, 8)*, ainsi que Vlitius, par *cursoria vestigia;* mais avec cette différence que Vlitius l'entend du pas du lièvre, soit partant de son gîte parce qu'il est lancé, soit regagnant son pays natal et son gîte, d'où par conséquent il ne part pas, tandis que nous, nous conjecturons que δρομαια ιχνη désigne le lièvre qui court, soit parce qu'il est lancé hors de son gîte, soit parce qu'il est lièvre coureur. Vlitius appelle Leonicenus misérable interprète, parce qu'il traduit ευναια ιχνη, *vestigia cubitu impressa :* Leonicenus se trompe; mais Vlitius est-il plus exact lorsqu'il compare ευναια et δρομαια à l'*aditus et abitus* de Virgile; *quà scilicet fera ad cubile accesserit, et quà inde abierit (voyez* Gratius, *v. 242,* et Nemesianus, *v. 235)!* Qu'on ouvre Virgile et qu'on lise. (Virg. Énéid. *l. XI, v. 765.*)

CHAPITRE IV.

Description anatomique du chien. — Bonnes qualités des chiens (2). — Observations précieuses sur l'instinct de ces animaux. — Quelle doit être la couleur des chiens. — On doit exercer les pieds des chiens. — Lieux et temps favorables à cet exercice.

> *Nota.* Dans ce chapitre, ainsi que dans le VI.ᵉ, notre auteur ne décrit pas seulement le chien; il nous le montre dans la plaine, sur le penchant des collines, dans les forêts les plus épaisses, sur les monts escarpés.

Plusieurs savans, portant peut-être trop loin leur enthousiasme, d'ailleurs juste, pour Homère, ont avancé qu'on pourroit tirer de ses poésies un corps d'anatomie assez étendu. Ce

(1) Sur ce docte interprète de Gratius, *voyez* une intéressante notice dans le Magasin encyclop. décembre 1806.
(2) *Voyez* chapitre III, *défauts des chiens.*

qu'ils accordent à un poëte, ils n'auroient pas hésité, je crois, de l'accorder à un philosophe profondément instruit, à l'auteur des Cynégétiques et de l'Hippiatrique, s'ils eussent plus connu les deux ouvrages de cet inimitable écrivain. Voici la description qu'il nous donne du chien. J'offrirai d'abord le texte grec, ensuite ma traduction, et, en regard, celle d'un médecin dont l'opinion diffère singulièrement de la mienne (1).

Πρωτον ουν χρη ειναι μεγαλας [1]· ειτα εχουσας τας κεφαλας ελαφρας, σιμας, αρθρωδεις· ινωδη τα κατωθεν των μετωπων· ομματα μετεωρα [2], μελανα, λαμπρα· μετωπα μεγαλα [3] και πλατεα· τας διακρισεις βαθειας [4]. ωτα μικρα [5], λεπλα, ψιλα οπιθεν [6]· τραχηλους μακρους [7], υγρους, περιφερεις· σηθη πλατεα, μη ασαρκα απο των ωμων, τας ωμοπλατας διεςωσας μικρον [8]· σκελη τα πρωθια μικρα, ορθα, ςρογγυλα, ςιφρα [9]. τους αγκωνας ορθους [10]· πλευρας μη επιπαν βαθειας [11], αλλ' εις το πλαγιον παρηκουσας· οσφυν σαρκωδη [12], τα μεγεθη μεταξυ μακρων και βραχεων· μητε υγρας λιαν, μητε σκληρας λαγονας [13], μεταξυ μεγαλων και μικρων ισχα ςρογγυλα [14], οπισθεν σαρκωδη, ανωθεν δε μη συνδεδεμενα, ενδοθεν δε προεςαλμενα· τα κατωθεν [15] των κενεωνων λαγαρα, και αυτους τους κενεωνας· ουρας μακρας [16], ορθας, λιγυρας· μηλαιας [17] μη σκληρας· υποκωλια μακρα [18], περιφερη, ευπαγη· σκελη πολυ μειζω [19] τα οπισθεν των εμπροθεν, και περ ικανα, ποδας περιφερεις.

Traduction de J. B. GAIL.	Traduction d'un Critique.
D'abord il faut que les chiens de chasse soient grands, qu'ils aient la tête légère, courte et nerveuse, le bas du front marqué de rides, les yeux élevés, noirs, brillans, le front haut et large, les interstices prononcés; les oreilles grandes, minces, sans poil par derrière; le cou long, souple, rond; la poitrine large, assez charnue où elle quitte les épaules; les omoplates un peu distantes l'une de l'autre; le train	Les chiens de chasse doivent *être d'abord grands*, *avoir ensuite* la tête *déliée*, menue, camuse, et les expressions des muscles *y être* bien marquées, le chanfrein comme membraneux; les yeux saillans, noirs et pleins de feu; le front grand, large et divisé par un enfoncement bien marqué; les oreilles *petites*, *amincies*, dénuées de poil postérieurement; le cou *alongé*, souple, arrondi; la partie antérieure de la poi-

(1) J'ai manifesté dans un journal l'intention d'interroger l'opinion des érudits sur les grandes difficultés de cet ouvrage : deux se sont empressés de répondre à mon vœu. — L'auteur de la critique de ce chapitre est médecin, auteur d'un éloquent mémoire sur l'*hydrophobie*.

de devant court, droit, rond, musclé; les jointures droites; les côtes pas tout-à-fait plates, mais se dirigeant d'abord transversalement; les reins charnus, ni trop longs ni trop courts; les flancs ni trop mous, ni trop fermes, ni trop grands, ni trop petits; les hanches arrondies, charnues en arrière, assez espacées par le haut, et comme se rapprochant intérieurement : que le bas-ventre et les parties adjacentes soient mollettes; la queue longue, droite et fine; les cuisses fermes, les hypocolies ronds, bien compactes; le train de derrière beaucoup plus haut que l'avant-train, et cependant dans une juste proportion; les pieds arrondis.

trine, large et garnie de chair; *les omoplates un peu détachées des épaules;* les jambes de devant basses, droites, *arrondies* extérieurement et fermes, les coudes droits, les côtés de la poitrine peu épais, et s'avançant un peu obliquement en dehors, les lombes bien couverts de chair, médiocrement *alongés;* les flancs ni trop mous, ni trop durs, et d'une grandeur moyenne; les hanches arrondies, charnues postérieurement, un peu séparées supérieurement, et rapprochées à l'intérieur; le bas du ventre, et même tout le ventre, plat; la queue longue, droite, terminée en pointe; le gros de la cuisse *fort ferme,* le reste alongé, *arrondi,* épais; les jambes de derrière beaucoup plus hautes que celles de devant, et musculeuses; les pieds *arrondis.*

Nous allons examiner chacun des caractères contenus dans la description; rapprocher de Xénophon, Oppien, qui l'a tant de fois imité; Pollux, qui l'a commenté; Arrien, qui aspire à la gloire d'être son continuateur.

[1] Πρωτον ουν χρη ειναι μεγαλας· ειτα εχουσας τας κεφαλας ελαφρας, σιμας, αφθρωδεις. *D'abord il faut que les chiens de chasse soient grands, qu'ils aient la tête légère, courte et nerveuse.* Le critique traduit : *Les chiens de chasse doivent être d'abord grands, avoir ensuite la tête déliée, menue, camuse, et les expressions des muscles y être bien prononcées. D'abord grands,* fait attendre *ensuite,* accompagné d'un adjectif. *Avoir la tête déliée et* (avoir) *les expressions des muscles y être prononcées,* n'est pas correct: *oreilles amincies, cou alongé, cou arrondi, jambes arrondies, lombes alongés, le reste alongé, arrondi,* ne l'est pas davantage (1). Mais il s'agit ici, non de la correction et de la pureté du langage, mais de l'exactitude anatomique; la trouvons-nous dans la version du médecin? Qu'il nous soit permis d'en douter. « Il est difficile, dit-il, de deviner ce que veut dire, en francois, une *tête*

_____

(1) Voyez *t. I,* Discours préliminaire.

légère, quand il s'agit de la conformation extérieure de l'animal ; il falloit donc, au lieu de ces mots, traduire, une *tête déliée et menue.* »

Cette objection a de quoi m'étonner. Quand il s'agit de la conformation extérieure d'un animal, pourquoi ne pourroit-on pas employer l'épithète, *légère?* Non-seulement elle n'a rien d'incorrect, puisque Buffon l'emploie en parlant des qualités extérieures du chien (1) ; mais de plus elle peut seule rendre ελαφρος, qui jamais, je crois, ne se prend que dans un sens physique. *Voyez* Hom. *Iliad. V, 121, 122 ; XVI, 745 ; XXII, 287, 288 ; XXII, 449 ; XXIII, 771, 772 ; Odyss. XIII, 87 ;* et le *Lexic. Xenoph.*

Il faut que les chiens soient grands, mais non disproportionnés, μηδε ασυμμετροι, μηδε αναρμοστοι, ajoute Pollux *V, 57. Avant tout,* dit Arrien *IV, 2, qu'ils soient longs de la tête à la queue. Dans toute espèce de chiens, il n'est pas d'indice plus sûr de vîtesse et de courage, que la longueur du corps ; s'il est court, c'est un signe de lenteur et de lâcheté. J'ai vu des chiens vicieux ; mais avec un corps long, ils avoient de la vîtesse et de l'ardeur.*

Qu'ils aient la tête légère, ελαφρας, *courte,* σιμας, *nerveuse,* αρθρωδεις, *le bas du front marqué de fibres ou de rides,* τα κατωθεν των μετωπων ινωδη. Mon censeur remplace ces mots, *tête courte,* σιμας, par *tête camuse* (2). J'adopterai cette épithète, comme rendant mieux σιμας, en observant pourtant que σιμας, *camus, aplati,* pourroit bien être quelquefois synonyme de *court.* Αρθρωδεις, *nerveuse ;* cette épithète précise, et adoptée par l'Encyclopédie, ne dit-elle pas plus que cette longue périphrase, *l'expression des muscles y être bien marquée!* Αρθρωδης, *nerveux, vigoureux :* le contraire, αναρθρος, signifie *énervé, foible.* Voyez

_____

(1) *Tom. VI, p. 310,* édit. *in-12* de 1769.
(2) En traduisant ainsi, il a suivi M. Belin, comme il l'a suivi encore lorsqu'il donne au chien des *oreilles petites,* ωτα μικρα *(voyez* Cyn. d'Oppien, par M. Belin, *p. 141*). Je connoissois aussi l'*Oppien* de M. Belin, puisque j'en ai souvent cité les notes érudites ; mais un chasseur que j'ai eu occasion de nommer, m'a proposé, peut-être à tort, de remplacer *camuse* par *courte.*

l'Oreste d'Euripide. Κεφαλας ελαφεχς, σιμας, αφθρωδης, ne pouvant se rendre littéralement, j'aurois dû traduire : *la tête légère et nerveuse, et le museau plat ;* mot à mot, *une tête légère, nerveuse, et camuse quant au museau.* Cette forme convient bien au chien de chasse qui doit quêter, *tenant le nez contre terre,* πθεισαι τας κεφαλας επι γην λεχειας, *IV, 3 ;* idée exprimée dans ce vers d'Horace :

Mersâ nare vestigent.

Tout-à-l'heure nous citerons cette phrase d'Arrien, ει κεφαλαι γχυπαι η σιμαι ειεν ; et nous traduirons, *quant au museau, qu'il soit pointu ou plat, cela est indifférent.*

Ινωδη, *marqué de fibres,* ou *marqué de rides,* qui sont le résultat de la *fibre plissée et ridée.* Le critique blâme, *marqué de rides,* et traduit ινωδη par *membraneux.* Mais jamais ινωδη n'a signifié *membraneux ;* jamais ινωδη n'a présenté l'idée d'une *membrane mince.* La phrase περι τα οςα αι σαρκες πεφυκασι, προσειλημμεναι λεπ|οις και ινωδεσι δεσμοις, doit, je crois, se traduire, *les muscles sont attachés aux os par des liens minces et marqués de fibres,* et non *par des liens minces et membraneux,* comme le prétend le critique.

Qu'ils aient, dit Arrien *(IV, 4),* la tête légère et nerveuse. *Quant au museau, qu'il soit pointu ou plat,* γχυπαι η σιμαι, *cela est assez indifférent.* Vlitius, dans une note sur le *v. 209* de Gratius, s'étonne, avec raison, de ce jugement d'Arrien (1). Pollux *(V, 57)* veut, comme Xénophon, *une tête légère et facile à porter,* κεφαλαι κουφαι και ευφορει. *Je veux dans un chien,* dit Oppien, *un corps alongé, robuste, une tête de médiocre grandeur et légère,* καρηνον κουφον (2), *une gueule bien armée et large.* Remarquons et καρηνον κουφον d'Oppien, et sur-tout la phrase κεφαλαι κουφαι και ευφορει de Pollux : l'épithète ευφορει explique l'ελαφει de Xénophon et prouve qu'en traduisant, *que les chiens*

_____

(1) Ici Arrien n'est pas d'accord avec Xénophon. *Voyez* Cynég. *III, 2,* et *IV, 1.*
(2) Cyn. *I,* 402, 403.

de chasse aient la tête légère, j'entendois Xénophon comme la entendu Pollux lui-même.

² Ομματα μετεωρα, μελανα, λαμπρα, *des yeux élevés, noirs, brillans.* Les yeux n'étant *brillans* que dans l'état de maladie, le critique traduit par *vifs*, et il a, je crois, raison : Buffon (1), en effet, peignant le cheval dans une noble attitude, lui donne des yeux *vifs* et non *brillans ;* mais il se trompe, lorsqu'il prétend que μετεωρα s'entend d'yeux *saillans, à fleur de tête :* jamais il n'a eu ce sens. Des yeux tels que les avoit Socrate, des yeux à fleur de tête (2), s'appelleront εππωλαιοι, mais jamais μετεωροι (3), qui ne signifie que *des yeux élevés qui ne regardent point la terre ;* des yeux baissés annonceroient un chien languissant et malade. M. Weiske, avant de connoître la critique du médecin, a adopté mon sens : M. Sturz traduit par *vagi et fluctuantes*, et cite τα ομματα πυκνα διακινουντων du n.° 3, mais bien à tort, ce me semble. Μετεωρα est une épithète qui appartient essentiellement à la description anatomique, tandis que τα ομμ. π. διαχ. lui est tout-à-fait étranger. Par μετεωρα, Xénophon dépeint la nature ; par τα ομμ. π. διαχ. il exprime une action.

Oppien ici, comme dans tout le reste de la description, a pris Xénophon pour modèle. Différent de ces chasseurs qui estiment les yeux terribles, les yeux surmontés d'un sourcil-poil-rouge, ami de la beauté, le poëte grec se déclare pour les yeux noirs où brillent de belles prunelles, ευγληνον, κυαναι γιλϐοιεν οπωπαι (Cynég. *I, 402*), *speciem, mentiturosque decores.* Pollux *(V, 57)*, plus jaloux de l'utile que du beau, veut une

_____

(1) Buffon, peignant le cheval dans une noble attitude, *tom. VI, p. 44*, lui donne des yeux *vifs*, épithète qui me semble répondre à λαμπρα. M. Belin se sert, comme nous, de l'épithète *brillans ;* quant à μετεωρα, il l'omet. — L'Encyclopédie donne au chien courant, des yeux *luisans.*

(2) *Voyez* le Banquet de Xénophon, *V, 5.*

(3) On rendroit très-bien par μετεωρον ομμα, l'*os sublime* d'Ovide, dans ce vers si connu :

Os homini sublime dedit, cælumque tueri.

prunelle luisante, λαμπυσαι αί κοραj, le regard enflammé, πυρω-
δες βλεμμα. Arrien (1) veut des yeux grands, élevés, nets, vifs,
jetant l'épouvante, et lançant des éclairs comme ceux des
pardalis, des lions et des lynx. On estime après eux les yeux
noirs, s'ils sont bien fendus et terribles. Viennent ensuite les
yeux tirant sur le noir ou sur le brun, ομματα χαρωπα (2). S'ils
sont nets et farouches, ils n'annoncent pas un chien vulgaire.

Les lexicographes n'expliquent pas nettement les épithètes
κυανος et χαρωψ ou χαρωπος : pour arriver à la connoissance des
choses, efforçons-nous de définir les mots le plus exactement
possible.

Le traducteur d'Arrien, Fermat, traduit χαρωπος par *verdâtre*.
Constantin définit χαρωπος, ευοφθαλμος και επιχαρεις, ὁ χαραν εχων
τοις ωψι, *qui a l'œil beau, gracieux, qui porte la joie dans ses
yeux*. Certes Homère ne prétend pas faire du lion un joli animal, ευχαεις, un animal au regard gracieux, lorsqu'il l'appelle
χαρωπος (Odyss. *II, 610,* et Hymne de Mercure, *194*). Ne.
seroit-ce pas le cas de recourir utilement au lexique de Rivière !
Xαρωψ, selon ce savant orientaliste, dérive des deux racines
orientales, signifiant *noir, noirâtre, sombre, obscur.* « Xαρωπον
χρωμα, dit Constantin, *propriè est color cæsius, sive cæruleus,
qualis est maris atque cæli.* » Observez que *cæsius*, même en
le dérivant, avec Lennep, de καω, *cavo*, désigne ce qui est
terne, obscur, noirâtre, tirant sur le noir; que telle est la signification littérale des deux racines orientales dont il est composé; que si, par cette raison, il est très-propre à désigner la
couleur du ciel et de la mer, il doit l'être également, ainsi
que χαφοπος, son synonyme, à caractériser toute espèce de
couleur sombre, plus ou moins foncée et tirant sur le noir,

_____

(1) *V, 5,* Ομματα μεγαλα, μετεωρα, καθαρα, λαμπρα.
(2) Ici Arrien combat Xénophon, qui, *III, 3,* a dit μωποι και
χαρωποι χειρω τα ομματα εχουσιν. Au *ch. VI,* Arrien dit que les couleurs
des chiens sont indifférentes : au *ch. IV, 6,* Xénophon veut que la
couleur du chien ne soit ni rousse, ni noire, ni tout-à-fait blanche.
Au *ch. V, 7,* Arrien veut *des oreilles longues;* et Xénophon, nous
dit-on, préfère les petites oreilles, *IV, 1.*

la couleur rousse, par exemple, quand ce roux est un peu obscur; et telle est la couleur des lions, *fulvi leones*, appelés χαροποι, fauves, d'un roux foncé, obscur, tirant sur le noir, et des chiens appelés χαροποι, noirs, ou bruns ou roux. Arrien, *ch. IV, 5*, ne prend pas χαροπα dans le sens de *noirs*: car, pour désigner la couleur noire, il emploie μελανα; et dans la phrase qui suit immédiatement, il s'exprime ainsi : après les yeux noirs, μελανα, viennent les yeux χαροπα, tirant sur le noir ou sur le brun (1). Suivant Arrien, μελανα signifieroit donc le noir foncé, et χαροπα, une couleur tirant sur le noir ou sur le brun.

Essayons maintenant de fixer les diverses acceptions de κυανος. Κυανοι (2) οπωπαι, que je traduis par *yeux noirs*, peut signifier aussi des *yeux bleus*, du moins si l'on a égard aux racines orientales indiquées par Rivière (3). Au défaut des lexicographes, dont l'un (Constantin) traduit κυανος, *cæruleus*, et l'autre (Suidas), κυανοθριξ par πορφυρεοθριξ, consultons des écrivains anciens. Anacréon (4) donne à Bathylle οφρυς κυανωτερη δρακοντων, que nous traduirons par *des sourcils plus foncés que la peau des dracons;* c'est-à-dire, des sourcils noirs. Bathylle avoit des cheveux noirs. Anacréon demanderoit-il au peintre, des

---

(1) Fermat traduit χαροπα par *verdâtres*.

(2) *Voyez* κυανεαι, *ch. IV, 7.*

(3) Κυανεος et κυανος, dit Riv., signifie *bleu, sombre, tirant sur le noir,* et aussi, substantivement, *acier.* Peut-être faudroit-il établir une distinction, et dire, κυανος, *l'acier,* κυανεος, *qui imite l'acier.* Ainsi, en latin, *cæruleus,* qui imite le bleu; tandis que *cærulus,* est le bleu même. — Le *niger* des Latins embarrasse quelquefois autant que le κυανεος des Grecs. Citons en preuve la note du P. la Rue sur ce vers de Virgile:

Alba ligustra cadunt, vaccinia nigra leguntur, Ecl. II, 18;

et répétons, avec ce savant Jésuite, que le bleu et le violet se prennent au sens de noir, et réciproquement: mais ajoutons qu'il se trompe sur l'*hyacinthe* de Virgile; elle est non notre *jacinthe,* comme il le croit, mais le *lilium bulbiferum* de Linné. (*V.* Dodon.)

(4) Ode *XXIX, 11,* κυανος. *Hic,* dit Paw, *de nigro accipiendum est sine dubio.*

ourcils d'une autre couleur! Un berger, dans Théocrite (1),
ppelle sa nymphe, ω κυανοφρυ. Quels sourcils veut-il désigner?
inon des sourcils noirs! On sait qu'ils étoient réputés les plus
eaux. C'étoient et ceux de la maîtresse d'Anacréon, et ceux
e l'aimable fille d'Adraste, l'Argienne Déiphyle (2).

Κυανος, signifiera encore *acier* (3), à cause de la couleur
leue ou noirâtre qu'il reçoit quand on le brunit. Rivière lui
onne cette signification dans les *vers 24, 32 et 35* du *liv. XI*
e l'Iliade, dont voici le sens : *Sur la cuirasse d'Agamemnon*
toient dix cercles d'acier ou *de fer noir* (ou *bruni*, ou *rembruni*),
λανος κυανοιο, *douze d'or et vingt d'étain... Ce prince prit ensuite*
n large bouclier, autour duquel tournoient des cercles d'airain, et
ur sa surface s'élevoient vingt bossettes d'étain, blanches, au milieu
esquelles on en voyoit une d'acier ou *de fer noir*, μελανος κυανοιο,
'est-à-dire, *bruni* ou *rembruni*. De cette excursion, que je ne
rois pas inutile, concluons que κυανος signifie *sombre, obscur,*
oirâtre, bleu, bleuâtre. L'acception de *bleu, bleuâtre*, ne paroîtra
as étrange à ceux qui savent que la plante appelée *bluet*, ou
arbeau, est appelée κυανος par les naturalistes.

3 Μετωπα μεγαλα, le front *haut ;* le front *grand* vaut mieux.

4 Τας διαχρισεις βαθειας, *les interstices bien prononcés ;* le cri-
que propose, *le front divisé par un enfoncement bien marqué.*

5 Ωτα μικρα, *les oreilles petites* (4), dit mon censeur. A la
érité je retrouve ce même caractère dans Oppien. Mais ici
e poëte grec n'a-t-il pas suivi aveuglément Xénophon,
u plutôt un manuscrit altéré? Est-il probable en effet que
énophon veuille des oreilles courtes, lorsque Callimaque (5),

(1) *Idyll. III, 8.*
(2) Théocr. *Idyll. XVII,* 53. Αργεια κυανοφρυ.
(3) Suivant Rivière, le *chalybs* des Latins, l'acier, signifie *noir,*
lisant.
(4) Ici encore le critique a suivi M. Belin, qui traduit *petites.*
(5) Callimaque (Diane, *91*) donne aussi de longues oreilles aux
hiens de Diane. Il les appelle παρουαπους, c'est-à-dire aux *oreilles*
endantes. Voyez l'élégant traducteur de Callimaque.

lorsqu'Apulée, parlant du chien de chasse ; lorsque Col-
melle (1), Nemesianus (2), parlant de la même espèce qu
Xénophon, c'est-à-dire du chien de Lacédémone, préconise
les oreilles longues et pendantes ! lorsque nos chasseurs mo
dernes (3), d'accord avec les anciens, rejettent les chiens
oreilles courtes, tels que le lévrier ! Le naturaliste qui observ
que le lièvre privé de queue sait y suppléer par le moyen d
l'une et de l'autre oreille, peut-il vouloir des oreilles courtes e
parlant d'un autre animal coureur tel que le chien de chasse
Parle-t-il d'un chien à courtes oreilles, lorsqu'il le peint rabat
tant les oreilles (4) pour quêter avec succès ! Au lieu de μικρα
petits, nous lirons donc μακρα, *longs.*

On pourroit m'objecter, contre la correction que je pro
pose, Aristote voulant ωτα μετρια (5). Mais, 1.° μετρια signifie
non *des oreilles petites,* mais *des oreilles de médiocre grandeur*
qui ne soient ni petites, ni grandes ; 2.° Aristote parle-t-i
d'un chien de chasse, animal essentiellement coureur, à qu
de longues oreilles sont très-utiles pour la direction de so
corps, ou du chien de bataille, à qui les longues oreilles son
plus nuisibles qu'avantageuses ! C'est une question sur laquelle
il me semble facile de prononcer.

De ce tableau où Xénophon décrit les bons chiens, rapprochons celui où il décrit les chiens vicieux.

« Ceux-ci, dit notre auteur, n'agitent que leurs oreilles,
la queue reste tranquille ; ceux-là ne remuent pas les oreilles,
et se battent l'arrière-train avec la queue ; d'autres serrent les
oreilles, suivant la trace d'un air sombre, et courent la queue
entre les jambes. »

---

(1) *Propendentibus auribus.*
(2) *Cuique nimis molles fluitent in cursibus aures.* Remarquons,
et *molles,* qui exprime la souplesse, et *fluitare,* qui peint si bien les
oreilles longues et pendantes. Pourroit-on dire d'une oreille courte,
fluitat !
(3) *Voyez* l'Encyclopédie.
(4) Επικαταβαλλουσαι τα ωτα, *IV, 3.*
(5) Physiognomon. *ch. VI.*

Le naturaliste qui attache une si grande importance à l'action
 l'oreille pour la direction du corps, a-t-il bien pu se déclarer
ur les oreilles courtes?

Au lieu de μικρα, *petits*, je lirai donc μακρα, *longs* (1); et
st ainsi probablement que lisoit Arrien (2), qui veut des
eilles grandes, souples, pendantes, et, pour ainsi dire,
isées.

⁶ Ψιλα οπισθεν, *des oreilles sans poil par derrière*, ou plutôt,
crois, *dont le revers est sans poil.* Pollux, après s'être exprimé
ns les mêmes termes que Xénophon, *liv. V, 57*, déclare,
V, *62*, qu'il range les oreilles velues parmi les imperfections
s chiens.

⁷ Τραχιλους μακρους, ὑγρους, περιφερεις, *le cou long, souple,*
id, caractère que je retrouve dans Oppien, *I, 406*, Arrien
Pollux, *liv. V, 57*; les deux derniers emploient les mêmes
mes.

⁸ Στηθη πλατεα, μη ασαρκα απο των ωμων, τας ωμοπλατας διεστωτας
ρον, *la poitrine large, assez charnue à l'endroit où elle quitte les*
ules. — *Large,* cette qualité est reconnue par Oppien,
rien et Pollux. *Assez charnue à l'endroit où elle quitte les épau-*
, n'a été compris ni de Leunclave, ni de François Portus,
de Zeune, ni de Pollux: ce dernier, au lieu de lire μη
ρχα απο των ωμων, avec la virgule, aura lu μη ασαρκα suivi d'une
gule. En faisant dépendre απο των ωμων de διεστωτας, il veut *des*
oplates peu distantes des épaules, αἱ δε ωμοπλαται των ωμων
ρον αφεστηκετωσαν *(V, 58)*; faute qui prouve que ce célèbre

---

1) Ici on aura, mal-à-propos, lu μικρα pour μακρα. Ailleurs nous
rons μακρα au lieu de μικρα. — Le cheval doit avoir une petite
choire; et cependant plusieurs éditeurs d'Athénée (Deipnosoph.
. *94*) donnent μακραν au lieu de μικραν. *Voyez* περι ἱππικης de
noph. *I, 8*, et Cynég. du même, *V, 30*, à μηρους μακρους, et
κωλια μακρα. — Pollux, ainsi que Xénophon, donne μικρα. Mais
annotateur juge μικρα fautif.

2) Ωτα μεγαλα εσω ταις κυσι και μαλθακα, ὡσε ὑπο μεγεθους και
ιακοτητος επικεκλασμενα φαινοιτο, *ch. V, 7*.

philologue n'avoit pas, quoi qu'en dise Dutens (1), les con
noissances anatomiques de Xénophon.

Vlitius discute ce passage dans le même sens que nou
l'offrons; mais l'honneur en appartient à Léonicenus, qui
avant lui, traduisoit ainsi : *Pectora lata et ab humeris no
macilenta.*

Le médecin fait une vive sortie contre la version que j
propose, et veut absolument *des omoplates un peu détachées de
épaules.* Deux des plus savans anatomistes de l'Europe, trouvar
ma version exacte, je me décide à la maintenir; et à toutes le
raisons que j'ai données, j'ajouterai l'autorité d'Arrien lui
même, και τας ωμοπλατας διεςωσας εχετωσαν, και μη ξυμπεπηγυιας
αλλ' ως οιοντε λελυμενας απ' αλληλων. Dans cette phrase, véritabl
scholie de celle de Xénophon, remarquons ωμοπλατας διεςωσας
μη ξυμπεπηγυιας, αλλα λελυμενας απ' αλληλων *(V, 9).* Il y est ques
tion d'omoplates séparées l'une de l'autre, et non pas d'*omo
plates détachées des épaules.* Xénophon, dans sa description d
lièvre *(V, 30),* donne à cet animal des *omoplates droites, libre
par le haut,* ορθας, ασυνδετους ανωθεν, des omoplates libres, dé
tachées l'une de l'autre, et non pas des omoplates *détachée
des épaules.*

9 Σκελη τα προθια μικρα, ορθα, ςρογγυλα, ςιφεα, *le train a
devant court, droit, rond, musclé.* Notre auteur veut le train d
devant court, mais sans doute non disproportionné avec l
train de derrière, comme dans le lièvre; autrement le chie
culbuteroit à chaque élan. Les jambes de devant étant petites
celles de derrière un peu plus longues lui donnent un éla
plus alongé. Oppien (2) se sert de ποδε au lieu de σκελη, qu
s'entend de l'ensemble des cuisses, des jambes et des pieds
Pollux *(V, 58)* et Arrien *(V, 9)* emploient les mêmes terme
que Xénophon.

Le critique rend σκελη τα προθια μικρα, par *jambes de devan*

(1) *Pag. 186* de ses Recherches sur les découvertes des ancien
attribuées aux modernes, où il cite Pollux comme anatomiste.

(2) *Voyez* et Oppien et la note de M. Belin.

basses. Le *train de devant* dit peut-être trop ; mais *jambes de devant* dit trop peu, je crois (1) : quant à *jambes basses*, ces deux mots expriment un rapport de position, mais non l'étendue en longueur. *Cet animal est haut* ou *bas sur jambes*, ou *cet animal tient ses jambes hautes* ou *basses ;* voilà deux phrases très-différentes.

On a remplacé l'épithète *rond* par *rond extérieurement*, mais à tort, ce me semble. On dira très-bien, avec l'Encyclopédie, *une jambe ronde*, quoiqu'assurément la plus grande partie de la jambe ne soit pas exposée à la vue. — Σηφρος, *musclé ;* on me propose l'épithète *ferme.* Voyez ςηφρα, *V, 30.*

¹⁰ Αγκωνας ορθας, *les coudes droits*, version du médecin. Où il y a coude, le bras et l'avant-bras ne forment pas ensemble une ligne droite : j'ai préféré le mot *jointures*, qui s'entend facilement de l'articulation *humero-cubitale.*

¹¹ Πλευρας μη επισαν βαθειας, αλλ' εις το πλαγιον προηκυσας, *les côtes pas tout-à-fait plates, mais se dirigeant d'abord transversalement.* Léonicénus traduit, *latera non valde cava, sed coeuntia in obliquum ;* Fr. Portus, *laterum costas non omnino altas, sed in obliquum porrectas ;* Leunclave, 1.ʳᵉ édit., *laterum costas non admodum longas, sed in obliquum tendentes ;* Leunclave, 2.ᶜ édit., *latera non admodum profunda, sed in obliquum tendentia.* Je proposerois de traduire, *costas non admodum depressas, sed in transversum tendentes,* «les côtes non tout-à-fait plates, mais se dirigeant d'abord transversalement. » Perpendiculaires en descendant verticalement, les côtes seroient trop plates et la poitrine trop serrée ; mais dirigées transversalement ou horizontalement, elles donnent de l'espace ou du volume à la poitrine.

Εις πλαγιον προηκουσας, me semble expliqué par le πλευρζι εςωσαν μη προς την γην βαθυνομεναι de Pollux, *V, 58.* Le médecin

---

(1) Au reste, *ch. V, 30*, je rends τα σκελη, comme le veut M. le médecin, par *jambes de devant ;* mais je ne suis point littéral, car σκελη dit plus.

remplace *les côtes se dirigeant d'abord transversalement*, par *s'avançant un peu obliquement en dehors ;* ce qui est inintelligible : d'ailleurs, que signifie *en dehors,* qui n'est point dans le texte! *Voyez* πλευρας, *V, 30.*

Le médecin traduit πλευρας, par *les côtés de la poitrine,* et ajoute que les exemples de ce mot pris dans ce sens sont si communs, qu'il est inutile d'en citer. Pour moi, j'en ai rencontré dans Galien ; mais jamais il n'emploie πλευρας dans le sens de *côtés de la poitrine.* J'en dirai autant d'Aretée, cet auteur, dont j'extrais l'exemple suivant (*p. 42,* édit. de Boerh.) : Αλλ' ην μεν η υπο τας πλευρας νοδας ογκος, *Si la tumeur se manifeste sous les fausses côtes.* Homère cependant me paroît le prendre quelquefois sous l'un et l'autre sens ; dans celui de côtes, comme *liv. XI, 437* de l'Iliade, *la pique lui enleva toute la peau des côtes,* πλευρων χροα; et dans celui de côtés, comme *Il. XX, 170, 171, le lion se bat de sa queue les côtés et les cuisses,* πλευρας τε και ιχια ; et *Il. XXIII, 716, 717, et sur leurs côtés et sur leurs épaules il s'élève quantité de tumeurs toutes rouges de sang,* ανα πλευρας τε και ωμους.

Μη επιπαν βαθειας (les côtés de la poitrine) *peu épais ;* telle est la version du médecin. *Peu épais* n'est pas dans le texte grec. *Les côtes pas tout-à-fait plates,* me semble plus fidèle. Xénophon emploie βαθυς avec la même acception dans son Hippiatrique, *I, 12.* Πλευρα η βαθυτερα &c. *Si la côte est plate, mais un peu relevée vers le ventre, le cheval en est plus facile à monter, plus fort, et prend mieux sa nourriture.*

¹² Οσφυν σαρκωδη, *les reins charnus, ni trop longs, ni trop courts.* Pollux, *V, 58,* dit un peu moins, ουκ ουσης ασαρκου. Arrien dit le contraire, *des reins larges et solides, où il y ait peu de chair et beaucoup de nerfs ;* Oppien, *I, 410, des reins charnus sans être gras.*

Le médecin traduit, *des lombes bien couverts de chair. Lombes,* inusité ; *reins,* terme plus connu (*voyez* l'Encyclopédie) et non moins significatif: *des lombes bien couverts* me semble incorrect.

¹³ Μητε υγρας λιαν, μητε σκληρας λαγονας, μεταξυ μεγαλων και μικρων,

μικρων, *les flancs ni trop mous ni trop fermes, ni trop grands ni trop petits.* Le texte de Pollux, *V, 58,* conduit Jungermann à penser qu'on doit lire ainsi : Οσφυς σαρκωδεις, τα μεγεθη μεταξυ μακρων και βραχεων, μητε ὑγρας λιαν, μητε σκληρας· λαγονας μεταξυ μεγαλων και μικρων. En admettant cette ingénieuse conjecture, que ne favorisent point les manuscrits, on traduiroit : *les reins charnus, ni trop longs ni trop courts, ni trop mous ni trop fermes ; les flancs ni trop grands ni trop petits.*

[14] Ιχια σρογγυλα, *les hanches arrondies, charnues en arrière, assez espacées par le haut, et comme se rapprochant intérieurement.* — *Les hanches détachées,* Arrien. Oppien ne dit rien des *ischia.* Pollux, *II, 183,* explique ainsi ce mot : Ιχια μεν εσιν αἱ ἑκατε-ρωθεν μετα την οσφυν σαρκωδεις προβολαι. Ce sont, dit un médecin, des éminences charnues qui sont de chaque côté du sacrum, immédiatement au-dessus des lombes : mais ιχιον, au singulier, désigne les os des îles, ou innominés, dans chaque côté desquels se trouve une cavité qui reçoit la tête du fémur.

[15] Τα κατωθεν των κενεωνων λαγαρα και αυτους τους κενεωνας (s. λα-γαρους), *que le bas-ventre et les parties adjacentes soient mollettes.* Voyez Arrien, *V, 9.* — Pollux, *V, 59,* est conforme à Xénophon. — Oppien ne parle point du bas-ventre.

Le κενεων, ainsi appelé de κενος, *vide, vain,* est une partie du corps derrière la poitrine, où il n'y a point d'os. En général κενεων signifie *capacité, espace vide, bas-ventre.* Les κενεωνες, que le vulgaire nomme *flancs,* λαγονας, sont placés sous l'επιγασριον, partie voisine du foie et de la rate.

On blâme *mollettes,* et l'on traduit *plat :* ce mot *plat* me semble inélégant ; et d'ailleurs l'idée de vide, s'il faut absolument l'exprimer, ne se trouve-t-elle pas plutôt renfermée dans *mollet* que dans *plat !* Ce qui est mollet suppose un vide ; ce qui est plat n'en suppose nullement. Au reste, je ne propose mon interprétation de λαγαρα que comme conjecturale.

[16] Ουρας μακρας, ορθας, λιγυρας, *la queue longue, droite et fine.* Λιγυρας embarrasse Vlitius (1). Λιγυρος signifie, *qui rend un son*

---

(1) Note de Vlitius sur le *v.* 272 de Gratius.

H

clair, aigu, et probablement par extension, *fin, doux, agréable.* Que λιγυρος soit quelquefois synonyme d'οξυς, c'est ce que prouve le *vers 141* de la *VI.ᵉ Olymp.* de Pindare, où ce poëte dit littéralement : J'ai quelque réputation d'avoir sur la langue une pierre à fusil aiguë, λιγυρας. — *Une queue longue, droite, aiguë*, οξειαι, *et fine*, λιγυραι, Pollux. Remarquons οξειαι et λιγυραι dans la même phrase; ces deux mots n'y sont probablement pas synonymes. — *Une queue longue, velue, mollette, facile à replier, et qui ait plus de poil à l'extrémité*, Arrien, *V, 9.* — *Une queue nerveuse, longue et garnie de longs poils*, Oppien.

Dans ses notes sur Shakespear (Merry Wives of Windsor, *act. II, scen. I*, sur les mots *curtail-dog*), Johnson observe que la queue est nécessaire pour l'agilité d'un chien de chasse (greyhound), et qu'une manière de dégrader (disqualifying) un chien, suivant les lois forestières, est de lui couper la queue (curtail).

La queue du chien de chasse, si elle étoit trop longue, lui seroit sans doute à charge (1) lorsqu'il court; et cependant, si elle est relativement plutôt longue que courte, elle lui donne beaucoup d'avantage pour la course, suivant qu'il y élève plus ou moins les jambes de devant, qu'il y fait des détours plus grands et plus soudains.

Gratius prétend qu'un chien de chasse doit avoir la queue courte. Mais Oppien, quoi qu'en dise son commentateur Rittershusius, est mieux fondé à soutenir, avec les deux Xénophon, avec Pollux et Arrien, qu'il doit avoir la queue longue et nerveuse. Lorsque la queue, quoique longue, est facile à replier, ainsi que le veut Arrien, l'animal peut à volonté l'étendre, la raccourcir, la diriger, l'assouplir aux divers mouvemens de sa course.

Xénophon, *III, 5,* met au rang des mauvais chiens ceux qui courent laissant tomber leur queue et la serrant entre les jambes.

_____

(1) *Voyez* Barthès dans sa Mécanique des mouvemens de l'homme et des animaux, *p. 42.*

¹⁷. Μηριαίας [μη] σκληράς, *les cuisses fermes.* Μη ne se trouvant pas dans Pollux, Zeune l'a judicieusement enfermé entre
deux crochets. On pourroit conserver ce μη en rapportant,
avec Kühn et M. Belin, μηριαίας à ουρας, qui alors signifieroit,
ad femora perstringentes, qui bat la cuisse : mais alors il faudroit
supposer, ce qui n'est pas probable, que Xénophon a oublié
de parler de la cuisse du chien. Nous préférerons donc de traduire μηριαίας σκληράς par *cuisse ferme,* comme n.º 8 de ce chapitre, et n.º 4 du chapitre *XI,* du Traité περι ιππικης.

¹⁸. Ὑποκωλια μακρα, περιφερη, ευπαγη, *les hypocolies longs,*
ronds, compactes. Après beaucoup de recherches sur le sens de
ce mot, je crois l'avoir trouvé en considérant la place qu'il
occupe. Xénophon parloit tout-à-l'heure de la cuisse ; le
membre qui vient après, c'est l'ὑποκωλιον, que Jungermann
(Pollux, *V, 59*) traduit très-bien, *partes femoribus subjectas,*
la partie qui est au-dessous de la cuisse. Au lieu de ὑποκωλια,
un manuscrit cité par Jungermann (*voyez V, 30*) donne
ὑποσκελια.

¹⁹. Σκελη πολυ μειζω τα οπισθεν των εμπροσθεν και περ ικανα, *le*
train de derrière plus haut que l'avant-train, mais cependant
dans une juste proportion. — Si les chiens, dit Arrien, *V, 10,*
ont le train de derrière plus haut que l'avant-train, ils courront
mieux dans les lieux escarpés. Le train de devant est-il plus
haut que celui de derrière, ils courront avec plus de facilité
en descendant ; mais si l'avant et l'arrière-train sont égaux,
ils courront mieux dans la plaine. Comme il est difficile que
le lièvre, qui court mieux dans les montées, n'ait pas l'avantage, on fera plus de cas des chiens qui ont le train de derrière
plus haut que celui de devant. Les pieds ronds et fermes sont
les meilleurs.

Au lieu de επρικνα, mes deux mss. portant και περικνα, je
soupçonnois que la véritable leçon étoit και περ ικανα : ces
soupçons sont devenus pour moi une certitude en me rappelant, 1.º λαχρνας, λαχαρας ικανως, *V, 30;* 2.º μηκος ικανον; 3.º la
version suivante de Léonicénus, *sed tamen idonea. Idonea* étant

la version littérale de ιχανα, j'en conclus que Léonicénus avoit
sous les yeux un manuscrit portant ιχανα. Καϳ πιρ ιχανα étant
bien plus près de χϳ πιρικνα, leçon des manuscrits, que χϳ
εμπιικνα, je ne crois pas que l'on puisse m'accuser de céder trop
facilement au plaisir d'offrir une leçon nouvelle. Ainsi que
M. le médecin, M. Weiske blâme cette leçon ; d'autres l'ap-
prouvent.

Brunck lit εμπιικνα, l'explique par ου σαρκωδη, *les jambes
sèches*, et cite un passage de Iamblicus (Vie de Pyth. *p. 62*)
où ριικνα, *maigre*, est opposé à πολυσαρκοις ; explication que je
ne puis adopter par les raisons que nous en avons données.

M. le médecin et M. Weiske blâment ma phrase toute
entière, et le premier traduit, *les jambes de derrière beaucoup
plus hautes que celles de devant, et musculeuses* : mais, 1.º σκελη
dit plus que les jambes (*voyez* n.º 9); 2.º *musculeuses* me semble
inexact, même en adoptant la leçon εμπικνα. Si, comme on
n'en peut douter, ce mot vient de ριικνος, *ridé, grèle, maigre*,
et de εμ augmentatif, en conclurons-nous que εμπικνος signifie
musculeux! Plus une partie quelconque du corps est marquée
de nerfs, plus la peau est tendue; moins, ce me semble, les
rides doivent se montrer.

Le médecin me reproche le mot *avant-train* comme terme
de charronnage : mais, 1.º il l'emploie lui-même en parlant du
σκελη ; 2.º pour justifier mon expression, je citerai Buffon,
qui l'emploie fréquemment. Voilà certes une grande autorité.

Nous sommes arrivés à la fin de la description anatomique.
Des chiens tels que les décrit Xénophon, annonceront de la
force, seront légers, bien proportionnés, alertes, gais, bien
en gueule : c'est sur-tout contre les animaux ennemis ou indé-
pendans qu'éclate leur courage, et que se déploie leur intelligence toute entière ; c'est à la chasse que les talens naturels se
réunissent aux qualités acquises. A peine la voix du chasseur
a donné le signal, et déjà je les vois, brillans d'une ardeur
nouvelle, quitter les sentiers battus, quêter en tenant toujours
le nez contre terre, joyeux dès qu'ils ont saisi la trace, rabat-
tant les oreilles, portant les yeux çà et là, frappant de leur

queue, qu'ils roulent et déroulent, et s'avançant tous ensemble sur la trace du gibier (1).

A la suite de ces observations et autres sur l'instinct du chien, Xénophon parle de sa couleur, *n.° 7*; il ne la veut ni rousse, ni noire, ni tout-à-fait blanche : ces couleurs, selon lui, annoncent un animal sauvage et non de bonne race. Les couleurs blanches ou noires, κυανεαι, dit (2) l'imitateur de Xénophon, le poëte Oppien (Cynég. *I, 427* et suiv.), sont viles ; les chiens de ce poil ne peuvent supporter long-temps ni l'ardeur du soleil, ni les rigueurs de la saison des neiges. L'on préférera ceux qui, par la couleur ou la forme, ressemblent aux bêtes cruelles, aux loups meurtriers des brebis, aux tigres légers, aux renards, aux rapides pardalis, ou à ceux qui portent la couleur de Cérès et du froment, σιτοχροοι ; ils sont robustes et prompts à la course (3).

Il paroît, d'après Xénophon, Oppien et Pollux, que les chiens d'une seule couleur n'étoient point estimés. Callimaque fortifie cette conjecture en nous apprenant que, des chiens donnés en présent à Diane par le dieu des bergers, deux étoient à demi noirs, ημισυ πηρους, et un tacheté, αιολον. Je sais que πηρους (4) signifie *blanc* ou *noir* dans Hésychius. Mais, dans l'un ou l'autre sens, on a toujours la preuve qu'on n'aimoit pas une seule couleur dans un chien. Selon Arrien *(l. VI, ch. 1)*, les couleurs sont indifférentes, et l'on ne regardera pas comme vulgaire un chien d'une seule couleur sans mélange. Mais de quel poids peut être une opinion contredite et par

_____

(1) Dans ce numéro et dans les suivans, rapprocher Xénophon de Buffon, *p. 314* et suiv. *t. VI*, édit. *in-12* du Louvre.

(2) Sur κυανος, *voyez ch. IV, §. 1*, au mot ομματα.

(3) *Voyez* la note de Belin, Oppien, Cyn. *I, 431.*

(4) Selon les racines orientales de Rivière (*voy.* son Lexique), πηρος signifieroit toujours *obscur, sombre, noir*; explication plus raisonnable, et qui me semble la seule convenable à tous les passages où je vois employé le mot πηρος. C'est de πηρος que vient le latin *pix*, poix, et *piceus*, de poix, couleur de poix, noir, noirâtre. *Voyez* Spanheim, *v. 90*, Hymne à Diane.

les anciens et par les modernes! On a égard au poil pour les chiens, dit l'Encyclopédie (*article* Chien).

CHAPITRE V.

Mœurs du lièvre; son gîte; ses habitudes; ses jeux (1)*; sa fécondité; sa conformation, cause de son agilité; traces du lièvre. — Temps favorable à la chasse* (2)*. — Lois extraites du Code de la chasse.*

Dans le chapitre précédent Xénophon indique quels sont les chiens sur lesquels on peut compter, et à quels signes on peut les reconnoître : dans celui-ci il nous les dépeint attachés aux traces du lièvre. Il détaille d'abord les différentes circonstances qui rendent sa trace plus ou moins sensible aux chiens. La glace en condense l'odeur; une abondante rosée la noye et l'enveloppe; le soleil la dégage; le vent du midi la disperse; la lune, sur-tout dans son plein, l'affoiblit par sa chaleur.

Dans la dernière de ces assertions, Xénophon se conforme à l'opinion des anciens, qui attribuoient à la lune une chaleur humide, d'où ils déduisoient son influence sur tous les corps sublunaires. Quantité de cultivateurs croient encore à cette influence. Un physicien moderne d'Italie a cru aussi apercevoir quelque chaleur réelle dans les rayons de la lune; d'autres n'en ont point encore aperçu (3). Pour prouver que les rayons de la lune n'ont point de chaleur, il suffit d'en réunir les rayons au foyer d'une lentille. Un thermomètre, même très-sensible, porté à ce foyer, n'annonce aucun changement de température.

Les lièvres des montagnes (4) *courent plus rapidement que ceux*

---

(1) *Voyez* les Observations préliminaires. Nous y avons remarqué que, dans la description des jeux du lièvre, Xénophon est bien supérieur à Buffon.

(2) C'est l'automne, dit Xénophon n.º 5 , parce que les récoltes étant faites et les plantes sauvages étant desséchées, leurs émanations ne se portent plus sur les passées du gibier.

(3) *Voyez* Plutarque, Symp. *III, 10;* Macrobe, Saturn. *VII, 16;* Banquet d'Athénée, &c.

(4) Sur les lièvres des montagnes, *voyez* Buffon, *t. VII, p. 115.*

*de la plaine ; ceux des marais sont plus lents : mais on prend
difficilement les lièvres errans, car ils connoissent les chemins
courts ; ils ont beaucoup d'avantage, soit en montant, soit dans
les lieux unis : sur des terrains inégaux ils courent également ;
c'est en descendant qu'ils courent le moins bien.*

Barthès (1) avoit ce n.° 4 sous les yeux lorsqu'il s'exprimoit
ainsi : « Les animaux semblables au lièvre courent mieux lorsqu'ils montent les hauteurs ; et c'est pour se donner cette
facilité que le lièvre, quand il est chassé, tâche de gagner la
montagne : au contraire, lorsqu'il est forcé de descendre une
montagne, pour affoiblir l'avantage que les chiens ont sur lui,
le lièvre ne continue pas sa course en droite ligne, il fait des
circuits obliques. »

Ceux d'entre eux, dit Xénophon, *que l'on poursuit dans une
terre fraîchement remuée, se reconnoissent, sur-tout s'ils ont le poil
rouge.* Voilà bien la traduction littérale du texte : mais ne seroit-
il pas altéré ! Notre auteur observe, dans ce passage, qu'à travers le chaume, le reflet les trahit ; que, dans les sentiers battus
et dans les routes unies, le poli de leur poil les fait reconnoître,
mais que, dans les endroits pierreux, sur les monts, dans les
forêts, à cause de la ressemblance, on ne les aperçoit pas. Dans
ces trois membres de phrase, pas un mot de la couleur de la
robe ; l'animal y est représenté comme n'ayant point de couleur
prononcée ; et cette doctrine est celle du naturaliste Pallas et
d'autres encore. Est-il probable qu'il ait énoncé dans le premier
membre de phrase, une idée qui semble se détruire dans les
trois autres ! Est-il probable qu'il ait ici professé une doctrine
contraire à celle des autres naturalistes ! Ouvrons Oppien
(Cyn. *III, 507* et suiv.) ; ne donne-t-il pas à entendre que la
robe du lièvre n'a point de couleur déterminée (2) ! « Elle est,
» dit cet écrivain, d'un gris obscur pour ceux qui habitent un
» terrain noir ; elle est rouge, lorsqu'il vit sur un sol rouge

_____

(1) Mécanique des animaux, *p. 120.* Voyez aussi Buffon, *t. VII,
p. 109.*
(2) *Voyez* Buffon, *t. VII, p. 115.*

H 4

(littér. *sur un sol à joue rouge*). » Pallas professe la même doctrine. « Dans les montagnes du Dauphiné et de Savoie, dit la
» Mais. rust. *t. II, ch. 9, p. 584* (édit. de Paris, 1790), les
» lièvres blancs sont communs, parce qu'ils ont toujours la
» neige devant les yeux ; ils deviennent gris lorsqu'on les ren-
» ferme dans des lieux où ils ne voient point ; et quand on
» les remet dans les neiges, ils reprennent leur première
» blancheur. »

Dissertation sur les Lièvres de Xénophon.

Xénophon décrit deux espèces de lièvres, mais sans leur
donner de noms. Nous allons nous efforcer de suppléer au
silence de ce naturaliste, en approfondissant sa description.

Il y a deux espèces de lièvres, dit Xénophon ; *les uns, grands,
noirâtres, ont une grande tache blanche sur le front ; les autres,
plus petits, jaunâtres, ont la tache blanche plus petite.*

Rapprochons de Xénophon Pallas et Linné, et nous trouverons que ce caractère convient assez au lièvre variable
et au lièvre timide ou vulgaire. *Timido major*, dit Pallas en
parlant du lièvre variable, *ut quatuor pollicibus longitudo superet.
Velleris color æstivus in varietate*, B. *Fuscus* (brun), Linn. *I, 162.
—Dorsum vulgo fuscum. Vulgo color capitis obsoletior* (plus pâle),
Pall. *III ; vulgo fulvus*, dit Pallas à l'article du lièvre timide ou
vulgaire.

*La queue des uns est marquée d'une tache ; celle des autres est
écourtée*, οἱ δὲ παρασυργν, Xénophon. — *Cauda supra nigra, subtus
alba*, Linn. 161, article du lièvre timide. — *Cauda multo minor,
paucioribusque vertebris constructa, et omni tempore alba*, Pall.
article du lièvre variable.

Les uns ont les yeux d'une couleur tirant sur le rouge, οἱ μὲν
ὑποχαροποι ; *les autres d'une couleur bleuâtre*, οἱ δὲ ὑπογλαυκοι,
Xénophon. — Pallas et Linné se taisent sur l'iris du lièvre.

*Les uns ont le bout des oreilles noir en grande partie, les autres
ne l'ont que très-peu*, Xénophon. — *Lepus timidus, auriculis
apice nigris*, Pallas. — *Lepus variabilis, color auribus fuscus,*

postico latere omni tempore anni cano vel albescente (le bord postérieur gris-blanc en tout temps), Linn. *I, 160.*

De ces différens passages comparés entre eux, concluons que les deux lièvres dont parle Xénophon, sont le lièvre variable et le lièvre timide. Si l'on objecte à cette théorie, que le lièvre variable, à peine connu des modernes avant Pallas, ne pouvoit l'être de Xénophon et des Grecs, je répondrai que Varron (1) en fait mention. Je répondrai que cette espèce se trouvant dans les Alpes, dans la Hongrie, dans la Russie méridionale, a bien pu, du temps de Xénophon, se trouver aussi dans la Grèce; et je citerai à l'appui de ma conjecture, deux passages remarquables d'Athénée, dont l'un suppose le lièvre rare dans l'Attique, et l'autre le lièvre assez commun :

Ναυκρατης δ᾽ ὁ κωμῳδοποιος εν Περσιδι, σπανιως, φησιν, εστιν ευρειν δασυποδα περι την Ατ]ικην· λεγει δε ωδε.

Εν τη Α𝑛ικη τις ειδε πωποτε
Λεοντας, η τοιουτον ἑτερον θηριον;
Ου δασυποδ᾽ ευρειν εστιν ουχι ῥαδιον.

Αλκαιος δ᾽ εν Καλλιστοι, και ὡς πολλων οντων, εμφανιζει δια τουτων, κοριαννον ειναι τι λεπτον, ινα τους δασυποδας, οὑς εαν λαβωμεν, ἁλσι διαπατ]ειν εχης (2).

Ce qui signifie : *Naucrate le comique dit, dans sa Persienne, qu'il est rare de trouver un lièvre dans l'Attique.* « *Qui a jamais vu dans l'Attique un lion, ou tout autre animal féroce! Il n'est pas même facile d'y trouver un lièvre.* » *Il sembleroit cependant, par ce que dit Alcée dans sa Callisto, qu'il y en auroit beaucoup.* « *Il faut avoir de la coriandre très-fine pour en saupoudrer, avec du sel, les lièvres que nous pourrons prendre.* »

On pourroit faire une autre objection, et demander si, en

---

(1) Liv. III, ch. 12, *de Re rusticâ.*
(2) *Liv. IX, ch. 14, p. 400,* A, éd. de Casaubon. Dans le cours de ce chapitre, Athénée s'exprime ainsi sur la manière d'accentuer λαγῶ : « Xénophon écrit λαγῶ sans γ dans ses Cynégétiques, et avec un accent circonflexe, &c. &c. »

annonçant deux espèces de lièvres, l'intention de Xénophon n'auroit pas été d'indiquer le lièvre et le lapin. Le lapin abondant en Espagne (1) et n'étant pas rare dans l'Asie mineure, comment les Grecs, situés entre ces deux pays, ne l'auroient-ils pas connu?

A la première lecture du passage que je viens de discuter, je crus, je l'avoue, avoir découvert une grande autorité en faveur de ceux qui prétendent que les anciens Grecs connoissoient le lapin (2) : mais je changeai bientôt de sentiment en lisant la description anatomique du lièvre, auquel il donne une tête étroite en devant, ϛενην εκ του ϖροϑεν (3); caractère qui assurément ne convient pas au lapin.

Buffon pense (4) que les Grecs connoissoient le lapin. Malheureusement il cite pour autorité un passage d'Aristote démontré fautif par Camus. Pourquoi en néglige-t-il un autre qui n'est ni contesté ni fautif, et qui prouve non qu'Aristote connoissoit les lapins, mais qu'il n'en avoit pas la moindre idée! Voici le passage (5) : « Ces animaux n'ont de poil inté-
» rieurement, ni en dedans de la main, ni sous le pied; le
» dasypode seul en a sous les pieds et en dedans des joues. »
Voici l'argument qu'il fournit, et que je dois à Camus. Aristote a connu un seul, et non pas deux animaux qui eussent ce même caractère; il a connu le lièvre, il n'a donc pas connu le lapin.

Le lapin étoit connu de l'historien Polybe (6) ; mais il est infiniment probable que ce Grec dût cette connoissance aux

(1) On sait que l'Espagne fut surnommée *Cunicularia.*
(2) Sur cette matière je n'ai point cité le témoignage de Pollux. Ce célèbre philologue n'a point d'opinion fixe. *Voyez* son *liv. V, 68,* et la note de Jungermann, note 48.ᵉ, commençant ainsi : *An dasypus sit simpliciter lepus, docti valde litigant.*
(3) *Ch. V, 30.*
(4) Buffon, *t. VII, p. 121.*
(5) *Liv. III, ch. 12.* Cet argument ne se trouve pas dans la dissertation que j'ai présentée à l'Institut. Par plusieurs raisons j'ai dû en avertir.
(6) Hist. *liv. XII,* et Athénée de Villebrune, *t. III, p. 524.*

atins chez qui il composa son Histoire universelle, et de qui
emprunta le mot κουνικλος, *cuniculus.* Ælien fait aussi mention
ι lapin, κονικος, dans son Histoire des animaux (1); mais ce
turaliste n'appartient aux Grecs que par son atticisme : on
it qu'il étoit Romain. D'ailleurs, en l'appelant κονικος ou κονι-
ος, du latin *cuniculus*, ou de l'espagnol *conejo*, ou *conilio*,
indique-t-il pas que le terme manquoit aux Grecs dans la
ngue desquels il écrivoit (2), et que par conséquent ils ne
nnoissoient pas le lapin ?

La théorie que je viens de présenter, étant tout entière
puyée sur le texte de notre auteur, offrons ce texte accom-
gné de la version françoise ; nous entrerons ensuite dans
xamen de plusieurs mots diversement interprétés.

SECT. I. Δυο δε και γενη εστιν
των· οι μεν γαρ μεγαλοι, επιπηρ-
ροι, και το λευκον το εν τω μετωπω
μεγα εχουσιν· οι δε ελατ]ους, επιξανθοι, μικρον το λευκον εχοντες.

Il y a deux espèces de lièvres : les uns, grands, noirâtres, ont une grande tache blanche sur le front ; les autres, plus petits, jaunâtres, ont la tache blanche plus petite.

SECT. II. Την δε ουραν οι μεν
κυκλω περιποικιλον, οι δε περι.ου-
ρον.

La queue des uns est bigarrée, en forme d'anneau ; celle des autres est écourtée.

SECT. III. Και τα ομμα]α, οι
μεν υποχαροποι, οι δε υπογλαυκοι.

Ceux-ci ont les yeux d'une couleur tirant sur le rouge ; ceux-là, d'une couleur bleuâtre.

SECT. IV. Και τα μελανα τα
επι τα ωτα ακρα οι μεν επι πολυ,
οι δε επι μικρον.

Les uns ont le bout des oreilles noir en grande partie ; les autres ne l'ont que très-peu.

---

(1) *Liv. XIII, ch. 15.*
(2) On pourroit encore en tirer cette autre conséquence, qu'Ælien
nfondoit le lièvre avec le lapin, comme l'ont confondu plusieurs
uteurs grecs et latins, qui par λαγως ont entendu le *lapin.* Au reste,
ême des écrivains grecs connoissant le lapin, ont pu l'appeler λαγως ;
s y auront été obligés, le mot leur manquant comme à Ælien (*voy.*
. description du lièvre et du lapin), et ne voulant pas, écrivant en
ec, adopter un mot d'origine espagnole.

Commençons par une note importante sur γινος.

Γινος, d'où le latin *genus*, signifie souvent *espèce*. Xénophon l'emploie deux fois dans ce Traité : Cynég. *III, 1*, Τα γινη των κυνων διωα· Καςοριαι, Αλωπικιδες. Traduirons-nous, avec M. Sturz, et autres savans, *il y a deux races de chiens!* non, il ne s'agit point ici de *races*, mot qui a trait particulièrement à une extraction commune. Il sera donc plus exact de traduire, *il y a deux espèces de chiens, les Castorides et les Alopécides.* Si l'interprétation de γινος est ici douteuse, citons un autre passage de ce même Traité *(V, 22)*, où il est évidemment question de deux espèces de lièvres, δυο τα γινη ιςιν αυτων (των λαγων), et concluons que γινος, en grec, comme *genus*, en latin (1), signifie souvent *espèce;* acception non indiquée par M. Sturz dans son *Lexic. Xenoph.*, et qui sans doute l'eût frappé, s'il n'eût point omis l'exemple de δυο γινη ις των λαγων.

M. Sturz, je le sais, peut invoquer en faveur de son interprétation, un de nos plus savans académiciens, Beauzée, qui, dans les Synonymes de Livoy, revus par lui, donne *race* comme synonyme d'*espèce*. Mais Beauzée me semble se tromper. Ces deux mots, *espèce* et *race*, ne peuvent être synonymes. Dans une même *espèce* on conçoit plusieurs *races;* mais dans une même race, on ne concevra jamais plusieurs espèces. Sur les chiens de bonne créance, et les chiens de bonne race, *voyez* ci-après, *ch. VII.*

Ειδος peut-il quelquefois remplacer le γινος, et, comme lui, signifier *espèce!* Nous répondrons affirmativement, si nous consultons l'analogie et l'étymologie, qui nous apprennent que ειδω vient de ειδω, *voir*, comme *espèce* de *spicio*, voir; que les deux mots ειδος et *species* se disent de ce qui se discerne, de ce qui frappe les yeux. Malheureusement les exemples n'abondent pas pour justifier cette analogie, et pour prouver que ειδος a en grec la même acception que *species* en latin. Nous ne trouverons ειδος, signifiant *espèce*, ni dans Homère, ni dans Xénophon. Ce dernier l'emploie fréquemment dans le

_____

(1) Voyez *Thes. lat.* d'H. Est.

ns de *corporis indoles, structura, habitus*, mais non dans celui
species. Si nous en croyons Fischer (1), ειδος et γενος sont
ux mots synonymes. Pour le moment nous n'osons pro-
ncer (2); mais nous affirmerons du moins, ce qui n'a été
marqué ni par M. Sturz, ni par d'autres savans, que γενος
gnifie souvent *espèce;* qu'il a ce sens dans Xénophon sur-
ut; et que notre auteur, pour exprimer l'idée d'*espèce*, évite
mot ειδος et se sert de γενος.

I. Οἱ μεν επιπερκνοι, ou επιπερκοι, *les uns noirâtres.* Περκος blâmé
r Leunc. ou (Περκνος, plus usité), *noir*, voilà l'acception con-
e. Mais, selon Rivière, qui le dérive de PRK et NOUA, il
nifiera, *divisé, distingué, changeant, de diverses couleurs.* Ainsi
ρκαζειν, encore selon lui, ne signifiera pas *être* ou *devenir noir,*
ıis *changer de couleur, passer d'une couleur à l'autre, tourner.*
ıus disons dans cette dernière acception, voilà du raisin qui
mmence à tourner, περκαζει. Περκνος, *noir;* επιπερκνος, *un peu*
ir, *subniger.* Remarquons επι répondant au *sub* des Latins, επι
ez souvent augmentatif; *exemples:* επιεικελος, *très-semblable,*
très-ressemblant (Iliad. IV, 394), disant la même chose
e μαλα ικελος de l'*Odys. XIX, 384;* ωλετο μοι κλεος εσθλον, επι
γυ δε &c., *la gloire est perdue pour moi, mais ma vie durera*
s-long-temps, et la mort ne m'atteindra pas de bonne heure,
ıd. IX, 415; et dans Callimaque, Hymn. de Diane, *54, 55,*
lorsqu'elles entendirent le bruit de l'enclume et le très-grand
t, επι μεγα (3), *qui sortoit des soufflets.*
Επιξανθοι, *jaunâtres.* Rivière dérive ξανθος des mots orientaux

---

1) *Pag. 433*, Phædon de Platon; et *ib. p. 427*, le même Fischer
dique ainsi le mot ειδη du *ch. L, 2 :* « *Ειδη sunt notiones, species*
ım, *essentiarum, velut similitudinis, magnitudinis, pulchritudinis,*
itiæ, *naturæ in mente impressæ: quæ alibi dicuntur* ιδεαι, παρα-
γματα, αρχαι, γενη, αιτια, *vide Laert.* III, 64. »
2) Pour prononcer sur le sens d'ειδος, dans Platon, il faudroit lire
ı les deux phrases citées, mais le dialogue entier. Au moment où
ris, je n'en ai pas le temps. Hésychius, au mot αλωπηκις, prend
ς dans le sens de *espèce.*
3) *Voyez* section IV, επι πολυ, επι μικρον.

ΚΕ, ΚΑ, ΝΤΣΑ, *brillant, éclatant;* étymologie rendue très-probable par ce passage de Platon, qui s'exprime ainsi : Λαμ-προν τι ερυθρω λευκω τε μιγνυμενον, ξανθον γεγονε. Le mélange du rouge et du blanc donnant du jaune, du roux-doré, du blond, du fauve, ξανθος signifiera donc *jaune, roux, blond, fauve.* Plus communément ξανθος s'entend de la couleur blonde. Ainsi ξανθος Μενελαος, ξανθη Δημητηρ, *le blond Méléagre, le blond Ménélas, la blonde Cérès.*

II. Την δε ουραν οι μεν κυκλω περιποικιλον, οι δε παρασυρον. Selon Gesner *(pag. 682, de lepore)*, οι μεν doit s'entendre des petits, οι δε, des grands lièvres. Pour moi, j'ai cru devoir traduire, *les uns, les autres.* Cette version ne sera point contredite par les grammairiens; et d'ailleurs tout l'ensemble des n.ºs 22 et 24 la commande. La version de Gesner me semble répandre une profonde obscurité sur tout ce morceau, d'un grand intérêt pour les naturalistes.

Περιποικιλον, *variam,* et en note marginale, *albedine insignem longiore spatio, teste Polluce,* Estienne; *varia,* Leunclave. *Voyez* la note sur παρασυρον.

Παρασυρον a singulièrement exercé les commentateurs. Estienne, dans ses deux éditions, lit παρασηρος, qu'il traduit par *mutilam,* que je crois bon, mais qui rend παρασυρες et non παρασυρος (1). Leunclave, donnant aussi παρασηρος, traduit *albedine insignis longiore spatio;* c'est-à-dire que Leunclave se sert pour traduire παρασυρον, de la version marginale donnée par Estienne au mot περιποικιλον (2). Æm. Portus se tait sur ce mot,

---

(1) La version d'H. Estienne est, pour les Cynégétiques, celle de Leonicenus. Cependant ici Estienne, sans en avertir, l'a corrigée; car Leonicenus donne *caudam tersam,* adopté par Gesner. Au reste, sa correction me paroît exacte; mais je m'étonne que dans les notes d'aucune de ses éditions, il ne dise pourquoi il a lu d'une manière et traduit de l'autre.

(2) Voici la version d'H. Estienne dans ses deux édit. : *Caudam gerunt illi in circuitu variam, hi verò mutilam, minima albedinis nota,* et en marge, d'après un signe placé entre *circuitu* et *variam,* on lit ces mots : *albedine insignem longiore spatio, teste Polluce.* Donnons

Brunk veut παρασημον (1), *mal marquée :* si la correction étoit heureuse, je regretterois qu'on n'en eût pas fait honneur à Fr. Port., qui la propose *p. 512* de son Commentaire. Mais quelque imposante que soit l'autorité de Fr. Port. et de Brunk, je crois devoir préférer παρασυρον.

M. Weiske (2), après avoir cité ma version, ajoute, *quod quomodo possit defendi, nescio,* et insère παρασημον dans son texte. N'en déplaise à M. Weiske, j'ai défendu, et sans opiniâtreté je défendrai encore παραουρον ; et voici mes raisons, dont la première, c'est que A porte παραουρον, par correction à la vérité ; mais cette leçon acquerra un grand degré de probabilité par le témoignage de Brodeau, qui déclare la trouver dans plusieurs manuscrits (3). Estienne donnant *mutilam* dans sa version, me fournit un second argument. Tout en suivant la version de Leonic., il a cru ici une correction nécessaire, et a remplacé le *tersam* de Leonicenus, par *mutilam.* Cette correction, dont il ne parle point dans ses notes, et qu'il devoit probablement ou à Budée, ou à Lascaris, ou à Guillaume Sirlet (4), n'annonce-t-elle pas une source respectable ? Mon troisième argument se

_____

à présent la version de Leunclave : *Cauda illis undique varia est, his albedine insignis longiore spatio.* En traduisant ainsi, dans ses trois éditions, Leunclave donne παραουρος dans le texte sans aucune note, soit dans la marge, soit dans son Appendix. — *Minima albedinis nota,* d'Estienne, n'étant point dans le texte, est en caractère italique.

(1) *Pro* παραουρον*, quam vocem nihili esse dicit, jubet legi* παρασημον, mal marquée. *Voyez* Préface de la 1.re édition des Mémor. de Xénoph., par M. Schn. Παρασημος, *mal marqué, non marqué au vrai coin, faux, altéré,* et par métaphore, *mal famé, suspect, obscur, qui se fait remarquer, distingué, qui attire les regards.*

(2) Je l'ai déjà dit et le redis encore, une leçon qui n'est que conjecturale, et qui n'a pour elle l'autorité d'aucun manuscrit, ne doit se montrer que dans les notes. L'insérer dans le texte, c'est donner un dangereux exemple. M. Weiske a donc, bien à tort ce me semble, inséré dans son texte παραοημον, et beaucoup d'autres leçons conjecturales.

(3) *Alii codices* παραουρον, dit Brodeau, *p. 33* de ses *Annotationes,* Bryling. 2.

(4) Estienne appelle Budée et Lascaris, *duo præclara sæculi*

fondera sur le témoignage du naturaliste Pallas, qui reconnoît à une espèce de lièvre, celle du lièvre variable, une queue écourtée : *cauda multo minor* (1).

Fondé sur de telles autorités, celle de mon manuscrit, celle des mss. de Brodeau, celle de H. Estienne, dont la correction équivaut presque à un manuscrit, n'ai-je pas dû adopter παρα-συερν ? la version que me fournit ce mot, se trouvant d'ailleurs justifiée par les observations du naturaliste Pallas.

III. Ὑποχαρϙποι ομματα, *qui ont les yeux d'une couleur tirant sur le noir ou sur le brun.* Voyez ch. *III, 3.*

Ὑπογλαυκοι. Voilà un de ces mots sur lequel les lexicographes ne disent rien de satisfaisant ; il signifie *azurés*, selon les uns ; *verdâtres*, selon les autres ; *brillans*, selon un scholiaste ou d'Aristophane, ou de Pindare (que l'on me pardonne ici de citer de mémoire) ; *brûlans, enflammés*, selon Rivière. Ces deux dernières acceptions me semblent plus rapprochées de tous les passages où je vois γλαυκος, et nous mettent à portée d'expliquer, d'une manière plausible, ce vers où Homère représente un lion, γλαυκιοων μενει. Selon Scapula, γλαυκιαω ou γλαυκιοω signifie *glaucis oculis terribiliter intueor.* Autant en dit Constantin par ces termes, qu'il emprunte d'Hésychius : Κατα-πληκτικον και εμπυϙϙν και φοϐεϙϙν βλεπων, et qu'il rend ensuite par *intuens oculis immaniter, glaucis oculis terribiliter inspiciens.* Mais n'est-il pas évident qu'il ne s'agit ici ni de terreur, ni de regards, ni des yeux azurés ou verdâtres, mais d'une colère, d'une fureur, d'une rage portée à l'excès! Γλαυκιοων me représente un effet résultant de la cause, qui est μενει. Si l'on m'oppose le γλαυκιοων μενει d'Hésiode (*Scut. Herc.* 430-432), en parlant

nomina. Voici ce qu'il dit de Sirlet, *p. 2* de ses *Annotat.* 1.re édit. : *Quædam in libello πεϙι ιππικης, item in Hipparchico ac Cynegetico ex antiquis et fide dignis codicibus emendata, quæ Guilelmus Sirletus non vulgaris eruditionis vir, nobis olim dederat, in nostram hanc editionem contulimus.* Cette note de la 1.re édition, m'a paru manquer dans la 2.e édition.

(1) *Voyez* le commencement de cette dissertation, où je rapproche Xénophon de Pallas et de Linné.

du

du regard enflammé et terrible du lion, je répondrai que ce mot n'est pas seul, qu'il est accompagné de οσσις, *yeux.* Au reste, en recourant à l'étymologie de Rivière, il reste encore bien des difficultés; car elle n'explique pas le γλαυκας de Pindare, épithète de l'olivier pâle; ni le γλαυκωπις Αθηνη d'Homère, qui, dit-on, se traduira bien à la lettre par Minerve aux yeux de *glavx,* espèce de chouette qui a les yeux bleus. Pourquoi cet oiseau est-il emblème de la sagesse? C'est, dit quelque part M. Cuvier, parce qu'il a le front très-élevé, ce qui lui donne un air très-réfléchi.

IV. Οἱ μεν επι πολυ, οἱ δε επι μικρον. *Voyez* sect. I, au mot επιπερκνοι.

Ces recherches sur les lièvres de Xénophon, ont été lues à l'Institut, et ont donné lieu à un rapport que le nom de ses auteurs rend trop recommandable pour ne pas le publier.

Extrait des Registres de la Classe des Sciences physiques et mathématiques de l'Institut national. Séance du 11 Thermidor an 8.

Un membre, au nom d'une commission, lit le rapport suivant sur un Mémoire de M. GAIL, intitulé : *Dissertation sur les lièvres de Xénophon,* ch. V, 22.

Nous vous avons déjà rendu compte d'un Mémoire du même auteur, sur es animaux que les Grecs désignoient par les noms de *panther* et de *pardalis,* t vous l'avez accueilli favorablement.

Celui dont nous allons vous entretenir, est la suite du premier; il fait partie comme lui, d'une série de recherches entreprises par M. Gail, pour claircir divers passages des Œuvres de Xénophon, qu'il est, comme on sait, ccupé à traduire.

Ce philosophe décrit sommairement, dans son Traité de la chasse, deux spèces de lièvres sans leur donner de noms particuliers. Il étoit digne de la uriosité des naturalistes et des érudits de rechercher s'il avoit voulu parler du ièvre et du lapin, ou du lièvre commun et du lièvre variable; car le choix e pouvoit tomber que sur deux de ces trois espèces; et le lièvre commun tant bien certainement une des deux, on ne pouvoit hésiter, pour la econde, qu'entre les deux autres.

L'opinion générale que le lapin, originaire d'Espagne, n'étoit point connu es Grecs, et ne l'a été qu'assez tard des Latins, est fondée sur le silence énéral des anciens auteurs grecs à son égard, et sur l'emploi que Polybe et

I

Ælien se sont vus obligés de faire du mot latin ou espagnol grécisé, *konilos* ou *koniklos*, pour désigner cet animal.

A la vérité Aristote emploie une ou deux fois le mot *dasypous*, que les Grecs du bas Empire et les modernes ont souvent appliqué au lapin. — Buffon s'est appuyé de ce passage pour soutenir qu'Aristote connoissoit cet animal : mais notre confrère Camus a prouvé depuis, que *dasypus* est le synonyme de *lagôs*, et qu'il ne désigne que le lièvre vulgaire.

Si le passage de Xénophon, qui fait l'objet du Mémoire de M. Gail, avoit été applicable au lapin, ç'auroit été une nouvelle raison à alléguer en faveur de l'opinion de Buffon. Ainsi il n'étoit pas indifférent de reconnoître son véritable sens.

C'est ce qu'a fait M. Gail : il a rapproché les descriptions que Xénophon donne de ses deux lièvres, de celles que les naturalistes modernes donnent de toutes les espèces qui leur sont connues ; et il a trouvé que le lièvre variable est le seul qu'on puisse supposer avoir été connu de cet ancien, en outre du lièvre commun.

Vous savez que le lièvre variable est une espèce qui n'a été distinguée que dans ces derniers temps par les naturalistes. Brisson est le premier qui l'ait regardé comme une espèce particulière, et Pallas le seul qui en ait donné une description complète.

Ce qui l'a sur-tout rendu remarquable, c'est qu'il devient entièrement blanc en hiver. On n'en trouve point d'autre dans tout le Nord ; il est aussi assez commun dans les montagnes d'Écosse, et dans les Alpes, où Varron l'avoit déjà observé : il est répandu en Pologne et en Russie ; ainsi il est très-probable qu'il se trouve dans les montagnes de la Grèce, quoique les voyageurs modernes n'en aient point parlé.

Ce lièvre est plus grand d'un quart que le lièvre commun ; sa tête et son museau sont plus minces, ses oreilles un peu plus courtes, sa queue beaucoup plus courte, composée de moins de vertèbres, et entièrement blanche pendant toute l'année. Son pelage est beaucoup plus brun que celui du lièvre commun, et autrement nuancé ; sa chair est insipide, &c.

Cette description s'accorde très-bien avec celle d'un des lièvres de Xénophon, qui est, dit cet auteur, plus grand, plus brun, à queue écourtée et sans taches &c.

Nous croyons donc que M. Gail a beaucoup de raison pour croire que Xénophon a connu et décrit le lièvre variable, &c.

Fait au Palais national des sciences et des arts, le 11 thermidor an 8.
Signé LACÉPÈDE et CUVIER.

La classe approuve le rapport, et en adopte les conclusions.

Passons maintenant à la description anatomique du lièvre.

Description anatomique (1) *du Lièvre*, V, 30.

Εχει γαρ κεφαλην, κουφην, μικραν, κατωφερη, ςενην εκ του προϑεν[1], [ωτα[2] ὑψηλα], τραχηλον λεπΊον, περιφερη, ου σκληρον, μηκος ἱχανον[3]· ωμοπλατας ορϑας[4], ασυνδετους ανωϑεν· σκελη τα επ' αυτων ελαφεα, συγκωλα[5]· ςηϑος ꝛ βαρυτονον[6]· πλευρας ελαφρας, συμμετρους[7]· οσφυν περιφερη, κοιλην, σαρκωδη[8]· λαρονας ὑγρας, λαπαρας ἱχανως[9]· ιϗα ςρογγυλα[10], πληρη κυκλω, ανωϑεν δε ὡς χρη διεςωτα· μηρους μακρους[11], ευπαγεις· εξωϑεν μυς επιΊαμενꝛς[12], ενδοϑεν δε ουκ ογκωδεις· ὑποκωλια μακρα[13], ςιφρα· ποδας τους πρϗϑεν[14] ακρως ὑγρους, ςενους, ορϑους· τους δε οπιϑεν ςερεους[15], πλατεις· παντας δε, ουδενος τραχεος φρϗνΊιζονΊας·

скελη та опиϑεν μειζω πολυ των εμπρϗϑεν, και εγκεκλιμενα μικρον εξω· τριχωμα βρϗχυ, κουφον. Εςιν ουν αδυναΊον μη ουκ ειναι, εκ τοιουτων συνηρμοσμενον, ιχυρϗν, ὑγρον, ὑπερελαφρον.

Il (le lièvre) a une tête légère, petite, inclinée, étroite par-devant ; les oreilles placées très-haut ; le cou mince, arrondi, assez long et souple ; les omoplates droites, libres par le haut ; les jambes de devant légères et compactes ; la poitrine dégagée ; les côtes minces, proportionnées ; les reins arqués, concaves, charnus ; les flancs mollets, assez étendus ; les hanches rondes, bien nourries, de forme circulaire, bien espacées en haut ; la cuisse alongée, compacte ; les muscles externes bien tendus, les muscles internes plats ; les hypocolies alongés et fermes ; les pieds de devant souples à leur extrémité, étroits et droits ; ceux de derrière durs et larges, en général ne craignant rien d'un terrain rude ; les jambes de derrière beaucoup plus grandes que celles de devant, formant une légère courbure en dehors ; le poil court et léger. Comment un animal ainsi conformé ne seroit-il pas fort, souple et léger !

---

(1) Dans sa description anatomique, Xénophon, dit Barthès, *p. 120*, a très-bien développé les avantages que les formes du corps du lièvre lui donnent pour la course par-dessus tout autre animal de même grandeur. Il observe, en parlant de l'agilité et de la légèreté que ces formes donnent au lièvre, que quand il chemine tranquillement, il saute toujours ; car personne n'a pu ni ne pourra le voir marcher ; et il pose ses jambes postérieures en dehors des antérieures. Il ajoute qu'il court de la même manière et avec la même position relative de ses jambes. *Voyez* Xénophon, *V*, n.º *31*, et Buffon, *t. VII, p. 109.*

I 2

¹ Ἔχει κεφαλην, κουφην, μικραν, κατωφερη, ϛενην εκ του προσθεν, ²ωτα ὑψηλα, τραχηλον λεπτον, περιφερη, ου σκληρον, μηκος ἱκανον; il a une tête légère, petite, inclinée, étroite en devant, les oreilles placées très-haut, le cou mince, arrondi, assez long et souple. Remarquons ces mots, étroite en devant; caractère qui ne peut convenir au lapin. Ces mots, depuis κατωφερη jusqu'à περιφερη exclusivement, sont omis dans Alde, Junte, Hale, Brylinger. Estienne, le premier, sans en avertir, a suppléé à cette lacune, qui provenoit de ce que l'on appelle un ὁμοιοτελευτον, en négligeant cependant ωτα ὑψηλα. Zeune enferme ces deux mots entre deux crochets. M. Weiske les bannit du texte. Je croirois qu'il a tort; et voici mes raisons: 1.° Pollux, souvent scholiaste de notre auteur, donne ωτα ὑψηλα, probablement parce qu'il l'a trouvé dans un ou plusieurs mss.; 2.° A et Y me donnent ωτα ὑψηλα; 3.° enfin, est-il probable que, dans une description anatomique très-soignée, Xénophon ait oublié les oreilles du lièvre! Est-il probable qu'il les ait oubliées, lorsqu'on lit le n.° 32 de ce chapitre! Il y observe que, dans sa course, la queue le seconde mal; qu'à raison de sa briéveté, elle est peu propre à la direction du corps; mais qu'il se donne une direction utile par le moyen de l'une et l'autre oreille. Voyez-le lorsqu'il est pressé par les chiens; *alors*, dit Xénophon, *le lièvre abaissant et projetant obliquement une de ses oreilles, fait un effort qui l'appuie de ce côté, où il est menacé* (ou, pour me servir de la version de Barthès (1), *du côté où il éprouve de la gêne*,

---

(1) *Voyez* Barthès, dans sa Mécanique des animaux, p. *120*; et Buffon, *t. VII*, p. *109*. Ce dernier s'exprime ainsi: *Les lièvres ont les oreilles d'une grandeur démesurée; ils remuent ces longues oreilles avec une extrême facilité; ils s'en servent comme de gouvernail pour se diriger dans leur course, qui est si rapide, qu'ils devancent aisément tous les autres animaux.*

Ces observations sur l'avantage que le lièvre tire de ses oreilles dans sa course, serviront, je crois, de réponse à M. Weiske, s'exprimant ainsi: *Arrectarum aurium altitudo neque ad* ἁρμον *neque ad* δρομον. — Virgile a dit, *auritos lepores.* Voy. M. Jacobs, *épigr. CXX* de Méléagr. p. *132. Auritus*, chez les Latins, désigne tantôt *l'âne*, et tantôt *le lièvre.*

par la résistance que l'air oppose à cette oreille, qui est longue et creuse); *par ce moyen il se tourne rapidement, et bientôt il laisse loin de lui l'ennemi qui le serroit.* Ωτα ύψηλα (1) est donc à conserver.

³ Τραχηλον λεπτον, περιφερη, ου σκληρον, μηκος ικανον; *le cou mince, arrondi, souple.* Pollux explique στενην εκ του προσθεν, par εις στενον καταληγουσαν; τραχηλον λεπτον, par τρ. στενον; περιφερη, par στρογγυλον; ου σκληρον, par υγρον; μηκος ικανον, par επιμηκη.

⁴ Ωμοπλατας ορθας, ασυνδετους ανωθεν, *les omoplates droites, libres par le haut.* Dans la description du chien, *ch. IV, 1*, il donne au chien des omoplates, μη ξυμπεπηγυιας, αλλ' ώς οιον τε λελυμεναι απ' αλληλων.

⁵ Σκελη τα επ' αυτων ελαφρα, συγκωλα, *les jambes de devant légères et compactes.* Pollux dit, *le train de devant,* σκελη τα προσθεν : mais Xénophon parle plus savamment; car σκελη τα επ' αυτων (sous-ent. ωμοπλατων), signifie littér., *les jambes qui sont attachées aux omoplates.* Voyez *chap. IV, 1.* — Ελαφρα, συγκωλα, (les jambes de devant) *légères et compactes.* Leunclave traduit, *partibus bene junctis;* et Leonicenus, *solida.* Estienne, qui annonce avoir suivi Leonicenus, ici encore le corrige, et substitue *conjuncta (non divaricata)* à *solida;* correction excellente, ce me semble, et que Gesner fortifie par cette scholie, συγκωλα *exiguo intervallo disjuncta; posteriora enim magis distant et divaricantur.*

⁶ Στηθος ου βαρυτονον, la poitrine dégagée, *pectus non grave,* Gesner : mais que signifie *pectus non grave! Pectus non angustum,* Leonicenus; *pectus haud quaquam angustum,* Leunc.; *pectus non carnosum,* Est. Ici encore Estienne corrige Leonicenus, d'après Pollux, qui veut στηθος ου σαρκωδη, et, dans son Trésor, propose βαρυστονον *graviter suspirans,* au lieu de βαρυτονον. Zeune, s'il falloit

---

(1) Je ne prétendrai pas qu'ici ύψηλος signifie *long;* mais j'observerai du moins que quelquefois il a cette acception. L'idée de s'alonger découle de celle de s'élever, de *croître,* de *monter.* Le traducteur de Pollux traduit ωτα ύψηλα, *aures arrectas.*

renoncer à βαρυςονον, proposeroit βαθυςενον, *valde angustum ;* mais une poitrine très-étroite nuit à la respiration.

[7] Πλευρας ελαφρας, συμμετρους, *les côtes minces, proportionnées.* Ου βαρειας, ουδε ασυμμετρους, Pollux. *Voyez* πλευρας, *ch. IV, 1.*

[8] Οσφυν περιφερη, κοιλην, σαρκωδη, *les reins concaves, arqués, charnus.* Pollux et Athénée (1), κωληνα, σαρκωδη : l'un des annotateurs du premier, Jung., croit le texte fautif, corrige Pollux, et propose ensuite de lire, dans Xénophon, οσφυν περιφερη, κωληνα σαρκωδη ; et c'est ainsi que lisent Zeune et M. Weiske. Mais qu'il me soit permis d'offrir ici mes conjectures. Je préfère κοιλην, 1.° parce que mes deux mss. me le donnent, 2.° parce que cette leçon plaît à deux célèbres anatomistes. Οσφυν, *reins,* partie ainsi appelée, selon quelques-uns, de οςοφυης, parce qu'en effet cette partie est osseuse et sans chair.

[9] Λαγονας υγρας, λαπαρας ιχανως, *les flancs mollets, assez étendus* (2). Leunclave donne λαγαρας ικ., et traduit, *satisque laxas ;* Estienne, *ilia mollia et pene vacua,* et dans ses notes de la deuxième édition, *in Flor.* λαμπαρας (3) *ante* ιχανως ; *in Ald.* λαπαρας : *ac non immerito quis suspicetur* λαπαρας λαγαρας, *à Xen. scriptum fuisse ; quarum vocum posterior ob similitudinem soni amissa sit.* A l'appui de sa conjecture, H. Estienne (4) auroit pu citer Leonicenus, qu'il corrige, et qui, traduisant, *ilia tenera, cava laterum idonea,* semble avoir lu λαπαρας, lequel, ainsi que λαπαρα, ων, signifie *cava, inania.*

[10] ιχια ςρογγυλα, πληρη κυκλω (ευσαρκα, Pollux), ανωθεν δε ως

---

(1) Deipnos. *IX, p. 368.* — Gesner, lisant κωληνα, l'interprète, *pernam, vel coxam et femur. Lumbos teretes, cavos, carnosos,* Leunc. *Lumbos ferme rotundos ; pernam carnosam :* ainsi traduit Estienne, corrigeant Leonicenus, qui semble avoir lu κοιλιαν, puisqu'il traduit *alvum carnosam.*

(2) *Étendus,* rend bien λαγαρας, mais non λαπαρας, *inanes.*

(3) Hale donne aussi λαμπαρας.

(4) Zeune demande d'après quelle autorité Estienne écrit λαγαρας. D'après des manuscrits, pouvons-nous répondre. A le donne en marge seulement, mais avec le signe critique ※.

χ̓η διεϛωτα (ου συνεϛηκοτα , Pollux) , *les hanches rondes , bien nour-*
ries , de forme circulaire , bien espacées en haut ; Leunclave traduit ,
coxas rotundas , undique plenas , parte superiori à se invicem debito
ex intervallo distantes ; Leonicenus , *clunes obesas undique plenas ,*
congruo desuper interstitio ; Estienne , ici encore corrigeant Leonicenus , *clunes rotundas* (le reste *id.*). — Ιχια , *les hanches.*

Ιχιον , en anatomie moderne , désigne une partie des os du
bassin ; au lieu que ισχια , chez les anatomistes grecs , se dit des
hanches tout entières. *Voyez* sur ισχια , la note du *chap. IV, 1.*

¹¹ Μηρους μακρους , ευπαχεις , *la cuisse alongée, compacte.* Pollux
(V, 70) a lu μικρους (*voyez* ci-après ὑποκωλια μακρα , où l'on a
lu ὑπ. μικρα), puisqu'il veut μηρους βραχεις , *la cuisse courte ,* ou
bien a donné ου μακρους , dont la négation n'aura pas été vue.
— Ευπαχεις *femora oblonga , satis spissa ,* Leunc.; Leonicenus ,
femina longa , densa ; Estienne , encore ici corrigeant Leonic. ,
femora longa , solida. B donne ευπαχεις , qu'un critique remplace ,
à l'exemple de Pollux , par ευπαγεις .

¹² Εξωθεν μυς επιτεταμενους , ενδοθεν δε ουκ ογκωδεις , *les muscles*
externes bien tendus , les muscles internes plats. A porte εξ. μεν
επιτεταγμενους , leçon d'Estienne et de Leunclave. Ce dernier
donne en marge , μεν επιτεταμενους , et εξωθεν μυς επιτεταμενους ;
et dans son Appendix , *lego* επιτεταμενους , *idque refero ad* μηρους.
Nonnullis in libris reperi scriptum , εξωθεν μυς επιτεταμενους , *lectio*
non aspernanda. Moi aussi je la trouve dans le ms. B. Leonicenus
aussi la voyoit dans un ms. , puisqu'il traduit , *musculos exterius*
intensos. Estienne corrige Leonicenus , et traduit , *foris intensa ,*
construisant εξωθεν επιτετ. avec μηρους. *Extrinsecus tensa ,* Leunc. ,
construisant comme Leonicenus. Hale donne cette leçon ainsi
ponctuée , μηρους μακρους , ευπαχεις εξωθεν· μυς επιτεταμενους ,
ενδ. &c. Junte porte μηρους μακρους ευπαχεις εξωθεν επιτεταμενους ,
sans mettre ni virgule après μακρους , ni point en haut après
εξωθεν .

¹³ Ὑποκωλια μακρα , σιφρα , *les hypocolies alongés et fermes.*
(Voy. *ch. IV, 1 ,* ce que nous avons dit des hypocolies.) Jung.
cite un ms. portant ὑποσκελια au lieu de ὑποκωλια. Jungermann,

dans Pollux (*V*, *59*), *traduit* ὑποκωλία, *partes femoribus subjectas.* Cette version ne conviendroit-elle pas mieux à ὑποσκελια, qu'il rejette, qu'à ὑποκωλια qu'il affectionne? Que les hellénistes anatomistes jugent. Leunclave traduit, *partes his subjectas;* Leonicenus, *internodia* (plus haut, *ch. IV, 1*, le même Leonicenus traduit ὑποκ. par *femina*): Estienne, encore ici corrigeant Leonic., *pernarum partes inferiores.* Au lieu de μακρα (1), je vois dans A, μικρα (*a s. ı* écrit de la même main). Je crois que μακρα est, sans doute, la leçon à préférer, puisqu'elle est celle de Pollux et de Leonicenus, qui traduisent *longa.* Chapitre IV, 1, j'ai eu occasion de remarquer, à l'occasion de ωτα μικρα, que les copistes avoient souvent lu μακρα pour μικρα, et μικρα pour μακρα. *Voyez* ci-dessus μηρους μακρους, où Pollux semble avoir lu μικρους. ── Στφερα., *firmas*, Leunc.; *nervosas*, Est.; *nervosa*, Leonic. - Pollux donne ϛρυφνα. *Voyez IV, 1.*

¹⁴ Ποδας τους προσθεν ακρως ὑγρους, ϛενους, ορθους, *les pieds de devant souples à leur extrémité, étroits et droits.* Leunclave traduit ακρως ὑγρους, *summopere molles;* Leonic., *summe flexiles;* Est., *molles*, c'est-à-dire qu'Estienne élude la difficulté. Pollux ne nous aidera pas à la vaincre, car il donne ποδας δε προσθεν ϛενους και μακρους; c'est-à-dire que Pollux semble avoir voulu corriger ακρως, qu'il n'entendoit pas, et le remplacer par μακρους. Gesner aborde cette difficulté, et propose μακρους, ὑγρους, parce que, dit-il, *summa certe mollities non convenit eis*, sous-ent. *pedibus.* Il a raison de penser que *summa mollities*, dans les pieds des chiens, n'est pas une qualité : mais Xénophon a-t-il dit ce que lui prête Gesner! Xénophon joint-il à l'idée d'ὑγρους celle du superlatif! Ακρως, qui quelquefois se prend dans le sens de *maxime*, ne présente-t-il pas ici un sens très-différent! ne doit-il pas s'entendre de l'extrémité des pieds! Que les naturalistes prononcent. Voyez *Lex. Xenoph.*

¹⁵ Τους δ' οπισθεν (sous-ent. ποδας) ϛερεους, πλατεις, *les pieds*

---

(1) Leunclave donne μικρα, *parvas;* Estienne, μικρα, et traduit *longas;* Hale, Junte, μικρα.

de derrière durs et larges. B porte πλά/ης, faute provenant de l'équivoque qui existoit entre le son de ει et celui de η.

A la suite de cette description du lièvre, vient naturellement celle d'Ælien, qui me paroît avoir parlé de mémoire, et confondu le lièvre, λαγως ou δασυπυς (1), avec le lapin, κονιλος ou κονικλος. Voici ce qu'il dit dans un texte fautif, que nous nous efforcerons de rétablir. *Voyez* liv. XIII.

Description du Lièvre, d'après Ælien.

Πεει των εν Ιβηρσι τοις Εσπεειοις Λαγωων· καη περι του των ελαφων εν τη καρδια οστου (2).

Πεφυκε δε καη λαγὸς ἕτερος μικρὸς τὴν φύσιν, οὐδὲ αὐξεταί ποτε, κονιλος¹ ὀνόμα αὐτῷ· οὐκ εἰμι δὲ ποιητὴς ὀνομάτων, ὅθεν κη ἐν τῇ συγ[εαφῇ φυλάτlω τὴν ἐπωνυμίαν τὴν ἐξ ἀρχῆς, ἥν περ οὖν² Ιβηείαν Εσπέειοι ἔθεντό οἱ πάερς³, κη γίνεταί τε κη ἔςι πάμπολυ.

Aliud (3) *est etiam genus leporum natura perparvum, nec tamen augetur unquam, cui cuniculus nomen est: quod quidem ipsum novatum à me non est, sed Iberico utor, quod à principio Iberes ei imposuerunt, apud quos nascitur et abundat.*

Τούτῳ τοίνυν ἡ μὲν χρόα παρὰ τοὺς ἑτέρους μέλαινα, κη ὀλίγην ἔχει τὴν οὐρὰν ὅτι⁴ κη πλέον, τά γε

Color ei quàm cæteris nigrior; et caudam cæteris breviorem habet, cetera reliquis leporibus consimilis est; præterquam quod magnitudo capitis quippiam

---

(1) Δασυπυς *(dasypode)*, ainsi que l'a démontré Camus, est, dans Aristote, synonyme de λαγως. Gaza se trompe donc lorsqu'il traduit le δασυπυς d'Aristote par *cuniculus*. Ælien se trompe donc aussi lorsqu'il emploie κονιλος ou κονικλος comme synonyme de λαγως, ou plutôt il me semble avoir confondu le lièvre et le lapin, qui, quoique formant deux espèces distinctes et séparées, se ressemblent fort, tant à l'extérieur qu'à l'intérieur. L'illustre Buffon, qui remarque cette ressemblance, *t. VII, p. 121,* auroit peut-être dû indiquer un trait qui le distingue du lapin, je veux dire *la tête étroite en devant,* ce qui ne convient pas au lapin. Terminons cette note en observant que, dans sa nomenclature du lapin, il s'est trompé en disant que les Grecs appeloient le lapin δασυπυς.

(2) *Liv. XIII, ch. 15.*

(3) La traduction latine est celle adoptée, mot pour mot, par M. Schneider.

μὴν λοιπὰ τοῖς προειρημένοις ἰδεῖν
ἐμφερής ἐςι· διαλλάτ]ει⁵ δὲ ἔπ κ̀
τὸ τῆς κεφαλῆς μέγεθος, λεπἸοτέρα⁶
γὰρ ἡ τούτου κ̀ δεινῶς ἄσαρκος⁷ κ̀
βραχυτέρα, δηλονότι κατὰ τὸ πᾶν σῶμα, λευκότερος⁸ δὲ τῶν λοιπῶν·
λασαρὰ⁹ διετησίους φύσει, αφ᾽ ὧν οἰσρᾷ τε κ̀ ἐκμαίνεται, ὅταν ἐπὶ τὰς
θηλείας ἄτ]η· ἔςι δὲ κ̀ ἐλάφω ὀςέον¹⁰ ἐν τῇ καρδίᾳ αὐτῇ, ὅπερ οὖν
τίνος ἀγαθὸν εἰδέναι μελήσει ἄλλω.

differt, quia exilius sit, et minimâ carne
præditum ac brevius reliqui corporis res-
pectu. .... Reperitur et in cervi corde
ossiculum, cujus usum referant alii.

Il y a encore une autre espèce de lièvre, animal naturellement petit, ne
croissant jamais, et que l'on appelle *Conilos*. Je ne sais point inventer de
noms. Je m'en tiens donc à celui que lui ont donné les Espagnols, chez qui
il naît et se multiplie. Sa couleur est plus noire, sa queue petite; il ressemble
aux autres lièvres, dont il diffère pourtant de la tête, qui est menue, charnue,
courte proportionnellement au reste du corps, et il est plus blanc que les
autres (ou peut-être *sa chair est plus blanche*); il se nourrit habituellement
de *laser*, plante qui le fait entrer dans une fureur amoureuse lorsqu'il approche
de la femelle. Il a, comme le cerf, un os dans le cœur. Quelle en est la des-
tination! C'est ce qu'un autre recherchera.

Observations critiques sur le texte d'Ælien.

¹ Κονιλος. M. Schneider propose κονικλος ou κουνικλος. Que
Polybe préfère aussi κονικλος à κονιλος, je ne m'en étonne pas;
écrivant chez les Latins, il étoit naturel qu'il se rapprochât de
leur mot *cuniculus*. Ælien nous apprenant que le lapin est originaire d'Espagne, et nous disant qu'il ne créera point de mot,
qu'il s'en tient au mot espagnol, a dû tenir parole. Le mot
κονικλος est plus voisin de l'espagnol que κονιλος. Hardouin, *t. I*,
p. 483, prétend que le mot κονιλος est d'origine latine. Le lapin
étant originaire d'Espagne, il étoit naturel de dire, κονικλος
vient de *cuniculus*, et *cuniculus* de l'espagnol *conexo* ou *conejo*.
En espagnol, *conexo* ou *conejo* signifie *lapin*, et *liebre*, lièvre.

² Ιβηρες οἱ ἑσπηριοι. Ιβηκοις ἑσπεριοι se lit dans un manuscrit
Médic. C'est sans doute Ιβηρης οἱ ἑσπεριοι qu'il faut lire, dit
Gesner; correction plausible : cependant Ιβεειαν pourroit se
conserver en sous-entendant κατα.

³ Οἱ παρος. Gesner ajoute, avec raison, παρ᾽ οἱς, que la ressemblance avec παρος aura fait mal-à-propos supprimer.

⁴ Ότι καὶ πλεον. Gesner propose ετι, que M. Schneider approuve. Ότι se trouve rarement avec le comparatif. J'en puis cependant citer trois exemples ; l'un tiré de l'Anabase de Xénophon, *III, 4, 5*, Ὡς ὅτι φοβερώτερον τοις πολεμιοις ειη ὁραν, où M. Weiske corrige φοβερώτατον ; le second, de l'Anabase, *IV, 6, 12 ;* et le troisième, de la Cyropédie, *I, 3, 4.*

⁵ Διαλλατ]ει . . . μεγεθος, *magnitudo capitis quippiam differt.* En traduisant ainsi, Gesner semble avoir lu διαλλατ]ει δε τι ; leçon que n'autorise aucun manuscrit. J'observerai, en faveur des jeunes hellénistes, que μεγεθος, mis dans la version latine au nominatif, est à l'accusatif régi par κατα. Hérodote a dit de même διαλλασσοντες ειδος ουδεν τοις έτεροις.

⁶ Λεπτοτερα. Ce mot signifiant ou *plus petit,* ou *plus grêle,* et la tête du lapin n'étant ni plus petite ni plus grêle, mais plus arrondie que celle du lièvre, il faut croire qu'Ælien parle ici de mémoire.

⁷ Δεινως ασαρκος. Gesner traduit par *minimâ carne præditum,* traduction adoptée par M. Schneider. Ces deux savans ont-ils saisi le véritable sens ? Si, comme je le crois, il s'agit ici du lapin, sa tête étant fort charnue, l'α d'ασαρκος pris ordinairement dans un sens privatif, n'offre-t-il pas ici un sens augmentatif ! C'est ce qui me paroît plus que plausible. On sait que chez les Grecs le même composé ayant α, peut se prendre tantôt dans le sens privatif, et tantôt dans le sens augmentatif. Ainsi αατος, *qui ne nuit pas,* ou *qui nuit beaucoup ;* αβιος, *pauvre* ou *opulent ;* το απεδον, qui signifie tantôt *lieu élevé, escarpé,* et tantôt, comme dans Thucydide et Hérodote, *lieu uni, plat.* Voyez Cynég. de Xénoph. *VI, 9,* et *X, 9.*

⁸ Λευκοτερος δε των λοιπων. Ælien, ayant donné ci-dessus à la robe du lapin une couleur noire, ne peut dire maintenant de cette même robe, qu'elle est plus blanche. Λευκοτερος ne s'entend-il pas très-naturellement de la couleur de la chair ! Je le pense ; et voici la construction grammaticale que je propose : Διαλλατ]ει . . . μεγεθος (λεπτοτερα . . . σωμα), λευκοτερος δε τ. λ. Gesner

déclare ce passage inintelligible. Il l'est en effet, si λευκόϊερς ne s'entend pas de la chair de l'animal.

⁹ Λασαϱα διετησιος φυσει. *Hæc propter obscuritatem non transtulimus*, dit Gesner, *nec locus integer apparet*. On le jugera, je crois, clair et entier à l'aide d'un très-léger changement, en lisant διαιτησιος au lieu de διετησιος, changement qui n'étonnera pas ceux qui savent que la prononciation de αι et de ε est la même, et que sous la dictée des copistes on a pu aisément confondre διαιτησιος, dérivé de διαιτα, *diète, régime*, avec διετησιος, *qui dure toute l'année*, de δια et de ετος, *année*. Abresch propose λαγγαϱα διαιτησις φυσει, que M. Schneider juge, avec raison, inintelligible. —— Λασαϱα. Sur ce mot, *voyez*, page suivante, l'excursion sur le *lasaron*.

¹⁰ Εςι δε καη ελαφω οςεον. Voici le jugement de Triller sur ce passage : « *Hæc et quæ sequuntur à suo corpore divulsa, et huc* » *ubi de cuniculis sermo, pertinere haud videntur; quin potius ad* » *lib. ii, ch. 9, aut aliò ubi de cervis sermo, respicere crediderim.* » *Quidquid est, certum intereà est, ea hîc locum habere non* » *posse.* » Pour moi, je ne crois point devoir renvoyer cette phrase au chapitre du cerf. Je la conserve en lisant κώς ελαφω ou καη ώς ελαφω, et je traduis, *le lapin a, comme le cerf, un os dans le cœur;* assertion fausse sans doute, mais d'où je conclurai, non que le texte est altéré, mais qu'Ælien a commis une erreur, et ce ne seroit pas la première. Que le lapin n'ait point d'os dans le cœur, c'est un fait que j'ai vérifié sur plusieurs lapins disséqués. Si Ælien en a vu, c'étoit dans un sujet malade, ou peut-être dans un vieux lapin. Dans les animaux et dans les hommes déjà vieux, me dit M. Portal que j'ai consulté, on peut rencontrer des parties du cœur ossifiées.

Excursion sur le Lasaron d'Ælien.

Ælien, *liv. XIII, ch. 15* de son Histoire des animaux, à l'article du κονιλος, *lapin*, fait mention du *lasaron*, λασαϱον. Faut-il, avec Gesner, regarder ce mot comme barbare, et faisant partie d'une phrase dont le texte est altéré?

Un commentateur postérieur à Gesner, le savant Abresch,
au lieu de λασαρα, accusatif pluriel de λασαρον (1), veut qu'on
lise λαγΓαρα. M. Schneider, qui cite cette conjecture, déclare
qu'il ne la comprend pas; mais il ne met rien à la place.

Au défaut des commentateurs, si nous consultons les
exicographes, nous ne trouvons rien ni dans Hésychius, ni
dans Pollux, ni dans Suidas. H. Estienne, dans son Trésor,
ait mention du λασαρον Κυρηναικον. Voilà bien le nom : mais
avons-nous la chose ? Nous jugerons que nous en sommes
oin, si nous considérons que le *lasaron* d'Ælien est une plante
liment du lapin, tandis que le *lasaron* de la province Cyré-
naïque est une espèce de gomme-résine que les Allemands
ppellent *fumier du diable*, et que les Asiatiques désignent
ous le nom de *manger des dieux*. A l'occasion du *lasaron*
u *laserpitium Cyrenaïcum*, nous observerons que l'on connoît
ux environs d'Aix le *laserpitium Gallicum*, mais qui n'est pas
e même (2).

Nous avons en françois, le *lasseron* ou *laisseron* ou *laitteron*
u *laceron*. Ces mots sont dérivés du latin *lacteron*. Le *lasaron*
rec n'auroit-il pas la même origine ? C'est ce qui me semble
lus que plausible, en comparant le *lasaron* grec au *lacteron*
atin. Ælien (3) dit que ce *lasaron* est l'aliment du lapin.
pulée donne à son *lacteron*, l'épithète de *leporinus*. Le *lasaron*
'Ælien est une nourriture salubre qui rend le lièvre plus
ropre à l'accouplement (4). Suivant Apulée, lorsque le
èvre se sent abattu, épuisé, cette herbe le guérit ; *quòd cum
porem animus defecit, hac sibi herbâ mederi soleat.* Dioscoride
it la même chose (5) ; *vis utrique soncho refrigeratoria, sto-
achi rosiones, morsusve mitigat et lactis abundantiam efficit.*

---

(1) *Voyez* Ælien, édit. de M. Schneider.
(2) *Voyez* Garridel, Hist. des plantes qui naissent aux environs
Aix, p. 270.
(3) Voyez *liv. XIII, ch. 15.*
(4) *Ibid.*
(5) Voyez *de Hist. stirpium commentarii, Fuschio autore*, Basil.
542, p. 673.

Pline (1) lui assigne plusieurs autres propriétés encore, qui éloignent les maladies, et conservent ou rendent la santé.

Dériver le *lasaron* grec du *lacteron* latin, c'est prêter un latinisme aux Grecs. Mais seroit-il donc surprenant qu'un Romain, écrivant dans la langue des Grecs, se fût permis un latinisme! Ælien avoit pris des Latins le mot κονικλος ; n'étoit-il pas naturel qu'il leur empruntât aussi le nom de la plante nourricière de l'animal!

La plante appelée *lasaron* par Ælien, *lacteron* par Apulée, *laitteron*, ou *lasseron*, *laceron* par les François, croît en Italie, patrie d'Ælien, et dans toute l'Europe; elle est agréable au lapin. Fraîchement cueillie, elle le rafraîchit ; desséchée, elle l'échauffe : en tout temps elle est son aliment favori. Tous les anciens et les modernes lui attribuent les mêmes propriétés. Le *lasaron*, le *lacteron*, le *laisseron*, sont donc une seule et même plante. *Lasaron* d'Ælien n'est donc pas un mot barbare : le texte d'Ælien n'est donc pas altéré ; ce qu'il falloit démontrer.

Nomenclature du Lasaron.

Les Grecs l'appeloient σογχος (2) απο του σοον χεειν (de ce qu'il donne un suc salutaire), et λασαρον, mot de græcité moderne, probablement dérivé du *lacteron* des Latins.

En latin : *sonchus* (dérivé du grec); *cicerbita* (mot conservé encore aujourd'hui en Toscane) (3); *lactucella*, *lactuca*, *lacteron* (4).

---

(1) Pline, *liv. XXIV, ch. 104*, parle d'une plante qu'il appelle *lactoris*. « *Æque nota lactoris vulgo est plena lactis.* » Celle qu'on nomme *lactoris*, qui n'est pas moins connue, est remplie d'un suc laiteux.

(2) Sur le *sonchus* des Grecs, appelé *lasaron* par Ælien qui a latinisé le mot, *voyez* Théophr. *ch. IV*; Dioscor. *liv. II, ch. 159; de Hist. stirpium commentarii, Fuschio autore*, p. 673; Athénée, *l. II, p. 69;* Callimaque; Eustath. sur l'Iliade *p. 849, 862, 1293*; Pline; Garridel *l. l.;* Voyage au Mont-Pilat, dans la province du Lyonnois, un vol. *in-12*, par la Tourette, à Lyon; Gesner; Dodon.

(3) *Voyez* Dalechamp, *t. I, 482.*

(4) *Voyez* Apulée et Pline.

En italien : *soncho, lattivoli, lattucella, crespine, cripini.*

Espagnol : *serraya, corayas, cerrayas, cerathas.* Belg. *hasen latave.*

François : *laiteron, laicteron, laisseron, lasseron* ou *laceron*, bien voisin du latin *lacteron*, ou *palais de lièvre*, ainsi nommé, ou de ce que la plante est agréable au lapin, ou parce que, dans les chaleurs, il s'abrite sous sa feuille. Dans le premier sens, nous l'appellerons *palatum leporis ; palatium*, dans le second (1).

Lois relatives aux chasseurs. Ch. V, 34.

Il étoit défendu aux particuliers (2) de passer la nuit en deçà de plusieurs stades de la ville, de peur que les amateurs de la chasse ne fussent privés de gibier. Voilà une loi favorable aux chasseurs : mais les propriétaires étoient-ils respectés? Oui. Xénophon nous l'apprend, n.° 34 : *On s'abstiendra de chasser dans les terres ensemencées, quelles qu'en soient les productions. Évitez aussi les courans d'eau ;* ce qui n'étoit pas un simple conseil : en effet, il existoit une loi (3). *A l'instant où commence le dommage, y eût-il la plus belle apparence de chasse, que votre équipage soit à l'instant dissous.*

Le mot que j'ai rendu par *belle apparence de chasse*, est bien tourmenté par les critiques (4). M. Weiske lit *αναχρια*, et pense qu'il s'agit de fêtes où il n'est pas permis de chasser. Mais dans ce membre de phrase, *ὁταν αναχρια εμπωʃη, ὁταν* ne s'employant que pour des choses indéterminées, et les fêtes étant des jours fixes, déterminés et connus, il me semble difficile, sous le rapport grammatical, d'adopter le sens de M. Weiske.

---

(1) *Voyez* Aldrovande.
(2) *XII, 7.*
(3) Ἱνα μη τω νομω εναντοι ωσιν, n.° 34.
(4) *Voyez* les Notes critiques.

CHAPITRE VI.

Ornement du chien de chasse. — Costume du garde-filet, et ses fonctions. — Chaussure du chasseur. — Chasse au lièvre avec les chiens et les filets (1). — Temps et heures favorables pour la chasse. — Vœu de partager la chasse avec Apollon et Diane.

Le collier, la laisse, les longes latérales, voilà l'ornement du chien de chasse. Quant au costume du garde-filet, un seul mot l'indique : *le garde-filet partira pour la chasse avec un vête-ment léger (VI, 5).* Celui du chasseur est indiqué dans cette seule phrase : *Le chasseur partira vêtu à la légère, ayant un habit et une chaussure négligés (VI, 11).* Pollux *(V, 17)* sera encore ici le scholiaste de notre auteur. « Le vêtement du chasseur consiste dans une tunique légère, χιτων ευςαλης (2), qui descende jusqu'au genou, et qui ne soit ni blanche, ni d'une couleur brillante et vive, de peur que les bêtes sauvages ne l'aperçoivent de loin ; et dans une chlamyde semblable, χλαμυς (3), qu'il tourne autour de son bras gauche lorsqu'il poursuit ou qu'il combat les bêtes sauvages. Il portera aussi un bâton ou une massue. Sa chaussure profonde remontera jus-qu'au milieu de sa jambe, autour de laquelle elle sera attachée par une forte courroie. »

Ce passage de Pollux servira de commentaire au n.° 17,

---

(1) Après qu'on aura lu ce morceau, qui offre et des conseils sur la manière de gouverner les chiens, et une description poétique des attitudes, des mouvemens, des allures, de l'instinct du chien, on reviendra sur le chapitre IV, qui offre des tableaux semblables, mais non les mêmes traits. Dans ce chapitre IV, il est fait mention des différentes sortes de filets dont le chasseur doit se munir, des *arcus,* des *enodia,* des *dictua,* des *sardones,* des *épidromes* et *péridromes.*

(2) Ευςαλης, littéral. *bien équipée, bien arrangée.* Ευςαλης πλους, *navigatio expedita,* Philoct. de Soph. *780.*

(3) Sur la différence du χλαινα et du χλαμυς, *voyez* Ammonius. — Sur le bâton ou la massue appelée ρόπαλον, par Xénophon dans ses Cynég., par Pollux, et par Théocrite, *Id. XXVI, 254, voyez* ma Dissertation, *liv. VII, 5,* Hellén.

que

que j'ai traduit ainsi : *Le chasseur suivra ses chiens dans leur course, le bras gauche enveloppé de sa chlamys, et un fort bâton à la main.* Pourquoi aura-t-il le bras gauche enveloppé de sa *chlamys?* C'est, répond M. Weiske, afin de se procurer une marche leste, *ut sit expeditior, et ne aër sinuosum pallium inflans cursum remoretur.* M. Weiske se trompe, je crois; mais du moins admet-il l'usage de la chlamys. Quant à Fr. Portus, il pense qu'il s'agit ici non d'un vêtement, mais d'une courroie (1). Mais comment un Grec aussi savant que Fr. Portus ignoroit-il un usage attesté par des monumens anciens (2), et consigné dans tous les écrits des Grecs! Ignoroit-il donc et la scholie de Pollux (3), et le passage où Théocrite (4) fait parler ainsi Hercule : « D'une main j'opposois au lion de Némée, des » flèches, et la chlamys (5) qui enveloppoit mon bras ; de » l'autre, soulevant une lourde massue, je lui en assénai un » coup sur la tête; » et celui d'Arrien, représentant Callisthène étouffant un lion avec sa chlamys? Cet usage est connu des modernes. Les habitans du Sénégal, chassant au tigre, présentent à cet animal le poing gauche enveloppé d'étoffes, et e tuent de la main droite.

A présent même les Vénitiens sont dans l'usage, lorsqu'on es attaque, de rouler leur manteau autour de leur bras.

La chlamys, vêtement du chasseur, étoit encore celui du guerrier, témoin Théocrite (6). On s'en servoit aussi comme l'un bouclier, témoin Alcibiade (7), qui, se voyant pris, roule

---

(1) Πεϱιελίξαντα. *Interpres,* dit Franç. Portus, *veste, quam gerit, bvoluta manu : sed lorum intelligit Xenophon, non vestem.*

(2) Voyez *Rei venaticæ scriptores* de Kemph. *pag. 247;* Virgile e *Pontanus, Æn.* IV, 137; et Virg. de M. Heyne.

(3) Τηv χλαμυδα δει τη λαια χειϱι πεϱιελιϑειv, όποτε μετα ϑεοι τα ϑηϱια, ωϱοσμαχοιτο τοις ϑηϱιοις, V, 3.

(4) *Idylle XXVI,* 254 *et sq.*

(5) Διπλακα λωπηv, τη δ'έτεϱη ϱοπαλοv.

(6) *Idylle,* XV, 5, χλαμυδηφοϱγι ανδϱες. Sur χλαμυς, voyez les édit. e Théocrite par M. Harless et par Warton, &c.

(7) Plut. Vie d'Alcibiade, vers la fin.

K

sa chlamys (1) autour de son bras gauche, et arme sa main
droite d'une épée.

Callimaque, dans son hymne à Diane, *v. 11,* fait mention
de la tunique, χιτων, et donne à cette déesse le surnom de
χιτωνη (2), mais sans dire un seul mot de la *chlamys.* Pensoit-il
qu'elle ne pouvoit être un des attributs distinctifs du chasseur,
du moins dans les temps anciens? Je serois porté à le croire
d'après son silence, et d'après un passage d'Oppien, *Cyn. I,
105,* où ce poëte grec dit qu'il seroit mieux de ne point porter
de *chlamys.* «Agitée par le souffle de l'air, souvent elle effraie
» les animaux et les met en fuite. »

Virgile (3) représente Didon avec une chlamys bordée d'une
riche broderie. C'est n'être d'accord ni avec Oppien, qui
rejette la chlamys, ni avec Pollux, qui n'admet point, dans
cette sorte de vêtement, les couleurs brillantes et riches.
Phèdre, se disposant à partir pour la chasse, tient un langage
bien différent de celui de la reine de Carthage : *Removete,
famulæ, purpura atque auro illitas vestes* (4).

Au reste, notre objet principal n'étant point de discuter
l'époque de l'invention de la chlamys, bornons-nous à indiquer
ou à rappeler en peu de mots son emploi. Tantôt le chasseur,

---

(1) Sur la forme de la chlamys, *voy.* note de Vlitius sur le *v. 91* de
Némésianus, et les chlamys gravées dans le *Museo Pio-Clementino*
de M. Visconti. — Strabon, si je ne me trompe, compare à une
chlamys développée, le plan de la ville d'Alexandrie.

(2) Χιτωνη (H. à D. *v.* 225), *déesse de Chitoné,* selon M. du Theil,
ou *déesse vêtue d'une tunique,* selon d'autres, plus amis des interprétations extraordinaires. Le scholiaste donne à χιτωνη une explication
curieuse : à l'en croire, l'épithète fait allusion à un usage qui existoit
alors de consacrer à Diane les vêtemens des enfans nouveau-nés. C'est
à-peu-près ainsi, dit M.me Dacier, que chez nous, une mère consacre
son fils à un Saint, à Saint-François par exemple, dont elle lui fait
porter les habits. Selon quelques mythologues, *chitonia,* χιτωνια,
rappelle un autre usage, celui où étoient les femmes, après leurs
couches, de consacrer leur tunique à Diane.

(3) *Æn. IV, 137.* Némésianus, Cynég. *91;* Apul., Mét. *XI;*
Ovide, Mét. *XIV,* parlent aussi de la chlamys.

(4) Phèdre de Sénèque.

l'employant comme arme défensive, la rouloit autour de son bras ; tantôt elle tenoit lieu de bouclier : quelquefois aussi elle devenoit ornement. La Diane du jardin des Tuileries s'en sert comme d'une ceinture. Le même usage se trouve indiqué dans plusieurs médailles citées par Spanheim, médailles existantes au Cabinet impérial des antiques.

Chaussure du chasseur.

En parlant de la chaussure du chasseur, Xénophon veut *une chaussure négligée.* Oppien va plus loin ; il veut que le chasseur, poursuivant les habitans des bois, marche nu-pied. Voici le passage : « Celui qui cherche les traces des habitans des » bois, marchera pied nu, de peur que le bruit de la chaussure, » qui gémit pressée sous le pied, ne dissipe le sommeil épan- » ché sur les yeux des animaux (1). »

Si nous recourons à Pollux (2), nous trouverons, au mot ὑπσδήματα, l'épithète κοιλα, ce qui signifie *une chaussure pro- fonde,* c'est-à-dire, des *grevières* ou *bottines.* Le portrait que fait Philostrate (3) de plusieurs chasseurs à cheval qui poursuivent un sanglier, me semble conduire à cette interprétation : *Celui- ci, armé d'une cuirasse, et les jambes défendues par des grevières, revient à la charge contre un énorme sanglier : celui-là est monté sur un cheval blanc ; sa tunique est retroussée et fixée sur le milieu de la cuisse ; les manches en sont également relevées jusqu'au coude.* Ceci nous apprend deux particularités omises par Pollux, Oppien, Xénophon, et par tous les autres auteurs qui ont traité de la chasse ; c'est que, pour chasser le sanglier, les an- ciens prenoient la précaution de s'armer d'une cuirasse et de se garantir les jambes avec des bottines qui résistassent aux coups de boutoir et aux défenses de cet animal (4).

---

(1) Opp., Cynég. *I, 101 sq.* Dans le passage cité, le poëte grec ne dit rien de la chaussure du chasseur qui se mesure contre les bêtes féroces.

(2) Poll. *V, 17.*

(3) Philost. dans ses Tabl. *liv. I, p. 772,* édit. de Morel.

(4) *Voyez* et les notes de M. Belin, et Vlitius, note sur le *vers 90.*

Théocrite, *Id. VII, 26*, parle de souliers ferrés : *Tous les cailloux froissés crient sous les pieds.* Πασα λιθος πλαιοισα ποτ' αμβυλιδεσιν αειδει. Selon Hésychius, Théocrite entend par ces *arbulides*, des chaussures Béotiennes, appelées κρουπεζαι et κρουπεζια, et dont on se servoit pour fouler les olives et les raisins. On voit, *p. 175* du Call. de Spanheim, une médaille représentant Diane avec une chaussure de chasseur, médaille frappée du temps d'Hadrien.

Vœu fait à Apollon et à Diane. Ch. VI, 13.

Le n.° 13 nous rappelle un usage des anciens. Avant de commencer leur chasse, ils faisoient vœu, si elle étoit heureuse, de la partager avec Apollon et Diane. Un berger de Virgile, *Ecl. VII, 31*, adresse le même vœu à Diane : *Déesse des forêts, si ma chasse est heureuse, je t'érige une statue de marbre. — Dieu Pan*, dit un berger de Théocrite, avec une énergique familiarité, *dieu Pan, si je t'implore en vain, puisses-tu, déchiré par les jeunes Arcadiens, et couché sur les orties, n'avoir, au fort de l'hiver, d'autre retraite que les montagnes de Thrace, près de l'Hèbre et de l'Ourse glaciale* (1) !

Arrien (2) cite un usage des Gaulois, qui consistoit à acheter tous les ans, du produit d'une taxe imposée sur chaque espèce de gibier, une victime qu'ils immoloient à Diane, déesse de la chasse. Cette solennité étoit suivie d'un banquet où les chiens paroissoient couronnés de fleurs, comme pour les récompenser de services qu'ils avoient rendus à leurs maîtres dans la poursuite des animaux.

---

des Cynég. de Némésianus. Ce savant Hollandois y parle des différentes chaussures connues sous le nom de *Cothurnes*, d'*Endromides*, de *Blaution*, &c. Voyez aussi *Bald. de Calceo antiquo*, p. 188 *et sq.*

(1) *Voyez* Spanheim, *hym. in D. 12 et 104;* Arrien, *ch. 33;* Poll. *V, 13; VIII, 91;* et mon Parallèle entre Théocrite et Virgile.

(2) *Ch. XXXIII et XXXIV*, et non pas *III*, comme le dit la Curne Sainte-Palaye, *p. 199*, citant Arrien.

CHAPITRE VII.

Procréation des chiens. — Leur éducation : manière de les former à la chasse ; une nourriture abondante leur défigure les jambes. — Noms brefs et sonores qu'il convient de leur donner.

On ne lira pas sans intérêt les conseils de Xénophon sur la procréation des chiens, sur leur éducation, sur les alimens qu'il convient de leur donner. Une abondante nourriture, dit-il, leur défigure les jambes. Ce précepte, à l'égard des chiens, ne doit pas étonner ; il étoit scrupuleusement observé à l'égard des hommes. On sait que les anciens attachoient beaucoup de prix à une taille dégagée, à la grâce et à la liberté des mouvemens. Ils donnoient une nourriture modérée aux jeunes gens, pour qu'ils n'acquissent pas un embonpoint toujours nuisible à la beauté des formes. Lycurgue (1) avoit réglé les repas des Spartiates de manière que les jeunes gens apprissent à ne pas se charger l'estomac, et à ne pas excéder leur appétit. Ce législateur pensoit que les alimens qui rendent les corps secs et nerveux, contribuent bien mieux à la beauté de la taille et à la bonté de la constitution, que ceux qui surchargent d'embonpoint (2).

Afin qu'on pût aisément appeler les chiens, il vouloit qu'on leur donnât des noms courts, tels que ceux-ci : « *Psyché*, de ψυχη, ame. — *Thymos*, de θυμος, desir, passion, ardeur, hardiesse, assurance, l'esprit, l'ame, la volonté, la vie, la colère. — *Porpax*, de πορπη ou πορπαξ, agraffe, boucle, et tout ce qui sert à attacher, à serrer, à saisir, à empoigner (3). — *Styrax*, de συραξ (4), pointe, ou fer de lance, de pique. — *Lonché*, de λογχη, lance. — *Lochos*, de λοχος, embûche. — *Phroura*, de φρουρα, garde, sentinelle. — *Phylax*, de φυλαξ, gardien. —

---

(1) République de Sparte, *ch. II.*
(2) *Ibid.*
(3) Πορπαξ. M. Weiske interprète ainsi ce mot, *major fibula, quæ propterea mordicus teneat capta corpora.*
(4) Συραξ, *voyez* Hellen. *VI, 2, 19.*

K 3

Taxis, de ταξις (1), ordre, ordonnance, poste. — *Xiphon*, de ξιφος, το, épée, glaïve. — *Phonex*, qui aime le carnage, de φενω, tuer. — *Phlégôn*, de φλεγειν, embraser, brûler. — *Alcé*, de αλκη, ἡ, force. — *Teuchôn*, de τευχειν (2), atteindre, machiner. — *Hyleus*, de υλαω (3), aboyer. — *Médas*, de μηδομαι, avoir soin. — *Porthôn*, de πορθειν, ravager. — *Sperchôn*, de σπερχειν, hâter. — *Orgé*, de οργη, colère. — *Bremôn*, le frémissant, de βρεμω, je frémis. — *Hybris*, de ὑϐεις, outrage. — *Thallôn*, de θαλλειν, verdoyer. — *Rhomé*, de ἱωμη, force. — *Anthée*, de ανθειν, fleurir. — *Hébé*, de ἡϐη, jeunesse. — *Gethée*, de γηθειν, se réjouir. — *Chara*, de χαρα, joie. — *Leusôn*, ou de λευειν, lapider, causer beaucoup de dégât, ou, ce qui est plus probable, de λευσσειν, voir. — *Augé*, de αυγη, splendeur. — *Polys*, de πολυς, nombreux. — *Bia*, de βια, force. — *Stichôn*, de στξ, ordre, alignement. — *Spoudé*, de σπουδη, ἡ, empressement. — *Bryas*, de βρυειν, pulluler, germer. — *Oinas*, de οινος, vin. — *Sterros*, de στερρος, solide. — *Craugé*, de κραζειν, crier. — *Kainôn*, de καινειν, tuer. — *Tyrbas*, πυρϐας (4), de πυρϐη, trouble. — *Sthenôn*, de σθενω, je peux. — *Aither*, de αιθηρ, l'air. — *Actis*, de ακτις, rayon. — *Aichmé*, de αιχμη, pointe, javelot. — *Noès*, de νοος, esprit. — *Gnomé*, de γνωμη, ἡ, conseil. — *Stibôn*, de στιϐειν, fouler aux pieds. — *Hormé*, de ὁρμη, desir, vîtesse. Xénophon le jeune (*voyez* Arrien, *ch. V*) avoit une chienne de ce nom qui étoit d'une vîtesse extrême.

Dans le n.º 2 de ce chapitre, j'ai traduit προς κυνας αγαθους par *chiens de bonne créance*. Un de mes censeurs me demandoit le sens de cette expression, *chiens de bonne créance*. J'ai cité en faveur de mon expression, et Trévoux, et l'Encyclopédie, et le Vocabulaire françois, c'est-à-dire soixante-treize volumes soit *in-4.º* soit *in-folio*, autorités d'un grand poids assurément ; et, d'après ce dernier, je disois, *en terme de vénerie, on appelle*

---

(1) *Fortè à* παζω, *prehendo*, M. W.
(2) Τευχων, *moliens, machinans (s. perniciem)*, M. W.
(3) Ou de ὑλη, *sylvas frequentans*, M. W.
(4) Zeune donne πυϐρας, faute typographique.

chien de bonne créance, un chien sûr, adroit et obéissant. On s'est
contenté de cette réponse : mais, en y réfléchissant, je la crois
non pas incorrecte, mais impropre.

S'il s'agissoit du chien recevant de son maître l'ordre de
chasser la perdrix, par exemple, espèce de chasse où l'obéis-
sance et l'adresse sont nécessaires, l'expression *de bonne créance*
conviendroit à merveille, et aucune autre ne pourroit la remplacer. Mais dans le §. 2 du chapitre VII, il est question,
non de chasse, mais de procréation des chiens : or, pour
procréer, qu'importe que les chiens soient sûrs, adroits, obéissans ; ce ne sont-là que des qualités secondaires, que l'on tient
en grande partie de l'art et de l'éducation : il leur faut d'autres
qualités primordiales qui soient en rapport avec la génération,
des qualités inhérentes à leur sang, à leur constitution, et que
l'on tienne uniquement de la nature ; en un mot, une bonne
organisation qui les rende propres à devenir sûrs, adroits,
obéissans.

L'expression *de bonne créance* est donc mauvaise, et ne rend
point du tout l'αγαϑους de Xénophon. J'aurois donc dû écrire,
chiens de bonne race.

Si l'abbé Girard, Roubaud, Livoy et Beauzée eussent voulu
établir la différence qui existe entre *chiens de bonne créance,* et
chiens de bonne race, peut-être auroient-ils dit : Ayez pour la
chasse *un chien de bonne créance ;* mais pour la procréation des
chiens, procurez-vous *un chien de bonne race.*

CHAPITRE VIII.

Ce chapitre VIII, qui ne fait mention que de la chasse
au lièvre en hiver, ne donne lieu qu'à des remarques critiques,
auxquelles nous renvoyons nos lecteurs.

CHAPITRE IX.

*Manière de chasser les Faons et les Cerfs. — Piége appelé
podostrabe : sa description, et manière de s'en servir.*

Xénophon, n.° 15, fait mention d'un piége qu'il appelle
K 4

podostrabe, et qu'Oppien désigne sous le nom de *podagre* (1).
M. Belin, que nous n'avons pas toujours suivi dans sa définition des *archus*, *brochos*, *&c.*, définit on ne peut mieux, je
crois, le *podostrabe* de Xénophon. Le *podostrabe* (2), piége où
s'embarrassent les pieds du cerf poursuivi, est, selon Xénophon et Pollux, un cercle de bois de smilax (l'if, ou le buis,
ou le chêne vert dont on ôtoit l'écorce, afin qu'il fût moins
sujet à pourrir). Ce cercle, qui se nommoit aussi *couronne*,
étoit garni, dans l'intérieur, de clous de fer et de bois alternativement ; ceux de bois étoient plus longs que les autres
qui devoient laisser une libre entrée aux pieds de l'animal,
tandis que les premiers devoient les retenir : à ces clous étoit
attaché un lacet ou collet fait de corde de Sparte, et qui rem-
plissoit le milieu de la couronne. Au lacet, pour le fermer,
s'adaptoit une corde appelée σειρας, σιρα, ἁρπεδόνη, laquelle
étoit attachée à un pieu de bois solide et garni de son écorce.
On plaçoit ce piége ainsi construit, dans les prés, dans les
bois, sur les montagnes, le long des ruisseaux. Pour le placer,
on creusoit en terre deux trous assez voisins l'un de l'autre,
profonds d'un pied et demi ou deux pieds ; aussi larges en
haut que la couronne du piége, qui se rétrécissoit en descendant et formoit l'entonnoir. Dans l'un, on plaçoit le piége, et
dans l'autre, on enfonçoit le pieu qui tenoit la corde. On
recouvroit ensuite le piége de petits morceaux de bois secs
et de peu de résistance, ayant soin qu'ils ne débordassent pas
la couronne ; et le dessus étoit semé de feuilles et de verdure.
La terre qu'on avoit tirée des trous, étoit répandue au loin.
Si quelque animal venoit à poser le pied sur le piége, celui-ci
dans l'instant faisoit la bascule, l'animal faisoit un faux pas,
son pied s'engageoit dans le lacet ; les clous de fer l'arrêtoient,

---

(1) Ευπληκτον τε ποδαγρην, *bene plexam pedicam*. Opp. Cynég. *I, 156*.
Ποδαγρα signifie *la goutte aux pieds, νοσος εν ἡ ποδες αρχονται, morbus
in quo pedes capiuntur*; mais dans Opp., *piége qui arrête le pied*.
(2) Dans la langue de nos chirurgiens, le *podostrabe*, de ποδας
στρεφειν, signifie *un instrument à remettre les membres disloqués*. Voyez
Xénoph. *IX, 10, 11, 12, 13* et *14*, et Pollux, *V, 32*.

et l'empêchoient de le retirer ; plus il faisoit d'efforts, plus il serroit le lacet par le moyen de la corde attachée au pieu qui étoit solidement enfoncé dans la terre.

CHAPITRE X.

Chasse du Sanglier (1). *Haches, Arcs, Javelots, Épieux, Massues, employés à cette chasse, image de la guerre.*

Dans le chapitre précédent, Xénophon nous a décrit la manière de chasser les faons et les cerfs, les piéges et la manière de s'en servir : dans celui-ci il ne s'agit plus d'animaux innocens et timides ; c'est contre les sangliers que vont se mesurer les chasseurs : c'est l'image de la guerre que présente Xénophon. Aussi, dans un style animé, offre-t-il l'appareil des haches (2), des javelots, des épieux, et des chiens forts et courageux qu'on y employoit, et qui venoient de Crète, de Locrie, de Lacédémone et de l'Inde. Strabon (3) fait mention de ces derniers, auxquels il attribue un courage et une force surprenans. Alexandre, à qui Sopithès, roi d'Albanie, en avoit donné cent cinquante, en fit combattre deux contre un lion qu'ils vainquirent (4).

A la chasse des sangliers on employoit des *arcus* de même lin que ceux qui étoient destinés à la chasse des lièvres ; mais, pour ceux-ci, la cordelette n'avoit que neuf fils, εννεαλινοι (5), tandis que la cordelette de ceux-là étoit de quarante-cinq brins, πεντε και τετρακοντα λινων. Dans cette même chasse, nulle mention des *dictua*. A cause de leur surface plane, on les négligeoit, tandis que les *arcus*, filets concaves, devenoient nécessaires.

---

(1) *Voyez* la Curne Sainte-Palaye, *l. l. p. 190.*
(2) Sur les noms des divers instrumens de chasse, tels que σιγυνη ou ζιβυνη, αρπαλαγον, δρεπανον et autres, *voyez* M. Belin, Cyn. d'Opp. *l. I.*
(3) *Liv. XV.*
(4) *Voyez* Xénophon, chapitre précédent, *n.º 1;* Pollux, *V, 55* et Gratius, note du *vers 161.*
(5) K., *ch. II, 5.*

CHAPITRE XI.

DISSERTATION SUR LE PANTHER (1) ET SUR LE PARDALIS.

Sur le Panther.

Hérodote (2) fait naître le panther en Afrique. Xénophon, dans son Traité de la chasse (3), place son habitation (4) sur le Mont-Pangée, dans le Cittus, situé au-delà de la Macédoine, sur l'Olympe de Mysie, sur le Pinde, sur le Nysa, situé au-delà de la Syrie, et lui donne pour compagnons les pardalis, les lions, les lynx, les panthères et les ours.

Ces animaux carnassiers, connus des anciens, ayant changé de demeure, il seroit curieux sans doute de rechercher les causes de leur émigration ; d'examiner si le panther n'habitoit qu'en passant et accidentellement les lieux que lui assigne Xénophon ; et si, lorsqu'il les quitta, c'étoit moins comme animal lancé par les chiens et poursuivi par les hommes, ou fuyant avec les hommes devant un ennemi commun, que comme étranger et regagnant son pays natal : mais cette question nous conduiroit trop loin ; bornons-nous en ce moment à démêler la vérité à travers les nuages d'une obscure nomenclature.

---

(1) *Existimo*, dit Estienne, *feram istam* (pantheram) *nomen hoc accepisse ex versicoloribus maculis, tanquam hæ cæterarum omnium colores imitentur. Huc facit quod scribit Plinius*, VIII, 17. — *Panther*, nom propre, dit Suidas. Hésychius se tait sur ce mot. Le *panther*, dit Gaza, est le loup cervier. Paw, dans son édition de Phile, veut que le *panther* soit le lynx ou le loup cervier. Le *panther*, loup canier, selon Munster, dans sa Cosmograph. univers., article *Hircanie*. Le *panther* est un animal foible, selon Oppien, Cyn. *II*, *570* et suiv. Mais Pollux, Athénée, Xénophon, le placent au rang des grands animaux.

(2) *Liv. IV, ch. 192.*

(3) *Chap. XI.*

(4) Jamais, dit Naucrate le comique, on n'a vu dans l'Attique un lion ou tout autre animal féroce. *Voyez* Athén. *liv. IX, ch. 14, p. 400*, édit. de Casaubon.

Si jusqu'à ce jour la vraie signification des noms a été ignorée et mal interprétée, dit Buffon (1), c'est que les traducteurs ne connoissoient pas les animaux, et que les naturalistes modernes, qui les connoissoient peu, n'ont pu les réformer. Pour éclaircir la nomenclature, étoit-ce donc les traducteurs qu'il falloit consulter ou réformer ! Une traduction n'est-elle pas trop souvent un voile jeté sur la nature ! Que le traducteur, occupé de l'histoire des animaux, consulte le naturaliste : mais que le naturaliste ne consulte point les traductions (2), ou du moins qu'il ne le fasse qu'avec une défiance extrême. Ce qui doit lui être sur-tout recommandé, c'est d'interroger ou la nature, ou les Grecs, qu'elle a, pour ainsi dire, placés près d'elle à la tête des temps ; les Grecs, qui furent ses premiers enfans favorisés, ou du moins les premiers qui gravèrent leurs titres en caractères indélébiles.

Buffon a pensé que le panther des Grecs, bien différent du *panthera* des Latins, étoit l'*adive* (3). Ce qui semble appuyer son opinion, c'est qu'Aristote (4) compare le panther au loup, au thos et au chien. *Le panther*, dit-il, *fait ses petits aveugles comme ceux du loup.* Ce qui semble encore favoriser son opinion, c'est le témoignage d'Oppien (5), qui s'exprime ainsi : *Muse, il ne nous est pas permis de chanter de vulgaires objets ; laissons dans l'oubli de vils animaux sans courage, les panthers aux yeux brillans, les chats malfaisans qui attaquent les oiseaux domestiques, et les loirs au corps fluet, au cœur timide, aux membres délicats.*

A la suite de ces témoignages, Buffon conclut (6) que le panther est l'adive.

---

(1) *Tom. XI*, p. 200.
(2) *Voyez* Observ. prélim. *pag. 703.* Buffon en offre la preuve, en faisant dire à Oppien, qui n'en dit pas un mot, qu'il y a deux sortes de panthers.
(3) *Tome VIII.*
(4) *Liv. VI, ch. 35, pag. 410*, édition de Camus.
(5) Cyn. *II, 570.*
(6) Selon Buffon, *tom. XI*, p. 200, le *thos* est le *chacal*, et le *panther* est l'*adive.*

Nous osons assurer que Buffon eût tiré une conclusion différente, si, au lieu de se borner à Oppien et d'interroger des traducteurs françois ou latins, il eût consulté Pollux, Athénée, et, avant eux, Hérodote, Xénophon, qui sont bien loin de placer le panther à côté de l'adive.

« Les animaux, dit Pollux (1), dont le nom ne fait pas allusion à leur cri naturel, tels que l'ours, le pardalis, le panther, font entendre des rugissemens. On dit de ceux qui sont plus petits, tels que le renard et le loup, qu'ils aboyent et qu'ils hurlent. » Voilà dans ce passage, le panther non-seulement rangé dans la classe des grands animaux, mais de plus, mis en opposition avec les petits animaux, tels que les renards et les loups.

Athénée (2), dans un fragment qu'il nous donne du livre IV de l'Histoire d'Alexandrie, écrite par l'historien Callixène de Rhodes, partage l'opinion de Pollux. Dans la fête pompeuse que donna à Alexandrie Ptolémée Philométor, nous voyons d'abord cent cinquante hommes portant des arbres sur lesquels étoient perchés toutes sortes de bêtes sauvages et d'oiseaux. Des perroquets, des paons, des pintades, des faisans et quantité d'autres oiseaux d'Éthiopie étoient portés dans des cages. Venoient ensuite les grands animaux, vingt-six bœufs blancs des Indes, huit d'Éthiopie, un grand ours blanc, quatorze pardalis, seize panthers, quatre lynx, trois oursons, une giraffe, un rhinocéros d'Éthiopie.

Hérodote place un panther au pied de Bacchus; or, l'adive n'a jamais été regardé comme symbole de Bacchus. Le panther n'est donc pas, comme le prétend Buffon, le même que l'adive.

Xénophon ne se contente pas de ranger le panther dans la classe des grands animaux; il entre encore dans des détails sur la manière de chasser les panthers, les pardalis, les lions, les lynx. Dans les montagnes, dit-il, on les prend avec un appât mêlé d'aconit. Les difficultés des lieux ne permettent pas

(1) *Liv. V, ch. 13.*
(2) *Liv. V, ch. 8.*

d'autre chasse. Ceux d'entre ces animaux qui descendent de nuit dans la plaine, s'y trouvent enfermés par une troupe de gens à cheval et bien armés qui les prennent, mais non sans danger. Quelquefois on fait, pour les prendre, de grandes fosses rondes, laissant au milieu une élévation de terre qui forme une espèce de colonne depuis le fond de la fosse jusqu'à la superficie. Aux approches de la nuit, on y pose une chèvre, qu'on y attache; l'on forme autour de la fosse une enceinte circulaire de branchages pour ne rien laisser voir intérieurement de la circonférence, et l'on ne laisse aucune entrée. Au bélement de la chèvre pendant la nuit, ces animaux viennent rôder autour de ces bois qui bouchent la fosse; mais, ne trouvant pas d'enrée, ils s'élancent dedans et sont pris.

Tous ces préparatifs, toutes ces précautions, tous ces chaseurs que je vois à cheval, bien armés et en troupe, annoncentils une chasse d'animal foible, tel que l'adive? Non, sans doute. Le panther des Grecs n'est donc pas toujours ce que Buffon entend par *adive.* Mais quelle opinion les modernes peuventils se former du panther, lorsque les anciens s'accordent si peu dans leurs définitions? S'il m'est permis de hasarder mes conectures, je crois que le nom de *panther* a été donné à deux animaux différens, dont l'un pourroit être l'adive, et l'autre toit sans doute l'hyène tachetée. C'est à cette même hyène tachetée que le nom de *thos* a été donné aussi par quelques auteurs, quoiqu'il appartienne véritablement au chacal. Il se pourroit aussi que cette hyène tachetée fût le lucopanther.

J'aurois pu discuter plusieurs autres passages que je trouve dans Phile et dans Héro. Mais le témoignage de deux Grecs modernes m'a paru d'une foible autorité. Phile, dit-on, assimile le panther au pardalis. Mais ce chapitre qu'on lui attribue, lui appartient-il en effet? N'est-il pas permis d'en douter, lorsque le chapitre, qui se trouve dans un ms. d'Oxford, manque dans les autres mss. connus? Quant à Héro (1), qui place un

(1) *Hero de vero ortu poetices,* περι αντιμαλοποιητικης, cité par Sauaise sur *Solinus, pag. 212.*

panther au pied de Bacchus, nous croyons qu'il aura attaché à ce mot l'idée que les Latins attachoient à leur *panthera*. Il est impossible qu'il ait pris son panthérisque pour un adive, qui certes ne fut jamais appelé symbole de Bacchus. Voici les deux passages de Héro : Παρακαθεζεται δε πανθηρισκος προς τοις Διονυσου ποσι, *aux pieds de Bacchus est assis un petit panther;* et ailleurs : Εκ του σκυφου οινος εκχυθησεται επι υποκειμενον πανθηρισκον, *et de la coupe, on versera du vin sur un petit panther placé au-dessous,* parce que, dit Bochart, le panther aime le vin.

Sur le Pardalis (1).

Examinons à présent ce que c'est que le pardalis, *pordalis* ou *pardalos* des Grecs. Cet animal, dit Aristote dans ses Physiognomoniques, présente une forme féminine, une petite figure, une grande bouche, des yeux petits, blanchâtres; un front long, des oreilles arrondies; le cou et le dos longs; les fesses et les cuisses charnues; le ventre peu saillant, la couleur variée; il a quatre mamelles (2) sous le ventre, ou, pour parler plus exactement, selon la remarque de Camus, deux mamelles au bas de la poitrine, et deux au bas du ventre. Ses pieds sont divisés en plusieurs doigts (3), cinq aux pieds de devant, quatre à ceux de derrière (4); caractère qui appartient au pardalis comme aux autres chats. Ses dents inférieures sont blanches (5).

---

(1) Παρδαλις, dans la langue orientale, signifie le *tacheté*, le *moucheté*. En général presque tous les animaux sont désignés par le son de leur voix, par leur taille, leurs mœurs, la couleur de leur robe, &c. Ainsi γυψ [le vautour], *l'animal montant, s'élevant très-haut;* αρκτος [l'ours], le *couvert*, donc le *velu;* ιππος [cheval], le *haut*, l'*élevé;* βους [bœuf], le *vaste;* ονος [âne], le *lent*, le *tardif;* ιχθυς [poisson], le *nageur;* πελεια [colombe], la *multipliante*, la *féconde;* πτωξ [lièvre], le *peureux;* πιθηκος [singe], le *divertissant*, le *réjouissant;* πτελιξ [cigale], la *bruyante;* χελιδων [hirondelle], l'*émigrante*, la *pélerine;* γυνη [femme], l'*inférieure*, la *moindre*.
(2) Aristote, *liv. II, ch. 1.*
(3) Id. *ch. II.*
(4) Voy. Ælien, *l. IV, ch. 39.*
(5) Oppien, Cyn. *III, 63.*

J'ajouterois, avec Oppien, qu'elles sont vénimeuses, et que ses ongles acérés recèlent un mortel poison, si tout cela n'étoit démontré faux par rapport aux quadrupèdes. Sa robe, d'un gris obscur, est semée de taches noires, semblables à des yeux.

Sous la forme féminine que lui donne Aristote, il cache l'intrépidité du lion : tantôt, rapide à la course, il s'élance par sauts et par bonds ; on diroit qu'il vole à travers les airs : tantôt, calme au bruit de la marche du chasseur, il attend son vainqueur ou sa proie ; atteint du trait mortel, sa fureur vit encore (1). L'*aigle* (2), l'*impétueux*, le *redoutable* (3), le *foudroyant* (4), telles sont les épithètes que les poëtes s'accordent à lui donner.

On conçoit qu'un tel animal trouve aisément sa nourriture sur les montagnes (5) où il se plaît (6) ; il a, pour se la procurer, une grande souplesse, une vîtesse incroyable (7), des ongles menaçans, des dents en forme de scie, et de plus l'odeur suave qui s'exhale de son corps. Ce dernier moyen lui épargne en tout temps les frais de courses fatigantes, et garantit à sa vieillesse une subsistance facile. Dès qu'il s'éveille, et son sommeil est de trois jours (8), il se lave, et se met à crier. Attirées par la douceur de son haleine, les bêtes sauvages accourent à l'envi ; il cache alors sa tête, de crainte que ses yeux ne les effraient, et pendant qu'elles le regardent, il choisit sa proie (9). Sa boisson favorite est le vin ; il saisit avidement les doux présens du dieu des vendanges ; ce qui a fait dire, par les poëtes, que les pardalis, jadis femmes illustres, furent nourrices de Bacchus.

(1) Homère, *passim.*
(2) Lucain, *l. VI.*
(3) Oppien, Cyn.
(4) Claud. VIII, Panég.
(5) *Voyez* ci-après.
(6) Xénophon, Cyn. *ch. XI.*
(7) Oppien, Cyn. *III.*
(8) Ælien, *l. V, ch. IV* ; Phile, *de Animal.* p. 44 ; et Philost.
(9) Aristot. *liv. IX, ch. 6* ; et, d'après lui, Pline, Hist. nat. *liv. VIII, ch. 17.*

Oppien, en reconnoissant en eux les mêmes caractères qui se rapportent assez à la panthère, en dépeignant leur conformation sous les mêmes traits, divise cependant les pardalis (1) en deux espèces. Les uns, nous dit-il, déploient à nos regards une taille énorme, un dos large et nourri de graisse; les autres, plus petits, ne le cèdent point en courage. Tous deux brillent des mêmes beautés : leur forme est la même; elle ne diffère que par la queue. Les petits la portent plus longue, les grands plus petite. Gillius, en admettant ces deux espèces, appelle l'une des deux, *lynx*, animal plus connu sous le nom d'*once*. Buffon en admet une troisième espèce, qui est le léopard.

Nous venons de dire qu'il habite les montagnes. Selon Gesner et Buffon, il se plaît en général dans les forêts touffues. Je ne leur contesterai point la vérité de cette remarque. J'observerai du moins qu'ils ne peuvent la fonder sur le passage qu'ils trouvent dans Homère : Ξυλοχος, mot oriental (2) dérivé de *csu* et de *loc*, couvrir, cacher, signifie, *cache, asyle, retraite, antre, repaire.* Voyez Iliad. *V, v. 161* et suiv.; *ibid. XXI, v. 573;* Odys. *IV, v. 335* et suiv.; *ibid. XIX, v. 445* et suiv. Il faut admettre les deux racines que je propose ; ou, dans les divers passages d'Homère que je cite, ξυλοχος est inintelligible, pris pour un lieu planté de bois.

Xénophon nous indique deux manières de chasser le pardalis. Nos lecteurs ne seront pas fâchés d'en trouver ici une troisième indiquée par Oppien.

Aux plaines sablonneuses de la Lybie, on choisit dans un terrain vaste, mais aride, une source peu abondante, dont l'eau noire, coulant goutte à goutte et sans murmure, ne s'épand pas au loin, ne sort qu'avec peine, et semble demeurer immobile et séjourner sur le sable. C'est là qu'au lever de l'aurore les farouches pardalis viennent se désaltérer. Les chasseurs

(1) Dans ce passage, qui fait mention de pardalis, Buffon a dit, d'après une mauvaise version, qu'il s'agissoit de panthères. *Voyez* Observations prélimin. sur les Cynégétiques.
(2) *Voyez* mon Anacr. *Ode VII.*

Y

y transportent, pendant la nuit, vingt amphores d'un vin
excellent, et qui compte sa onzième année depuis que le
vigneron l'a foulé sous le pressoir. Ils mêlent ce vin pur à
l'eau de la source, s'éloignent et vont se coucher à peu de
distance, s'enveloppant de peaux de chèvres ou de leurs toiles
mêmes; car dans cette contrée, qui est une plaine unie et
sans arbres, point d'abris ni dans le creux des rochers, ni dans
les bois touffus. Bientôt la soif et l'odeur du jus de Bacchus
attirent les pardalis; frappés des brûlans rayons du soleil, ils
approchent de la source et boivent avidement la liqueur du
dieu des raisins. Aussitôt ils bondissent, ils courent à l'envi,
bientôt leur marche devient plus pesante; ils inclinent la tête,
et tombent enfin vaincus par le sommeil : tels dans un festin,
des jeunes gens, dont un léger duvet ombrage encore le
menton, versent des flots d'un vin pur, chantent joyeusement
et s'invitent à boire à longs traits en s'envoyant réciproquement
la coupe; le repos succède enfin à ce tumulte bachique, la
force du vin accable leurs esprits et leurs yeux, ils tombent
l'un sur l'autre : tels, étendus par terre, les pardalis deviennent
la proie des chasseurs. Ainsi ils trouvent la cause de leur mort
dans la liqueur même qu'ils aiment.

Leur goût pour les aromates ne leur est pas moins fatal; s'il
leur procure une douce haleine, et un moyen de vaincre, bien
souvent aussi il les conduit à leur perte. Philostrate (1) fait
mention de pardalis pris dans cette partie de la Pamphylie qui
produit des aromates; car, dit cet écrivain, les pardalis les
aiment, en sentent l'odeur de fort loin, sortent d'Arménie et
vont chercher sur les montagnes les larmes de storax (2),
lorsque le vent vient de ce côté, et que les arbres distillent
leurs gommes odorantes.

_____

(1) Vie d'Apollonius de Tyane, *liv. II, ch. 1 et 2.*
(2) *Storax.* La partie de la Syrie qui confine à la Judée, et qui
est au-dessus de la Phénicie, produit le styrax ou storax, aux environs
de Gabala, de Marathonte, et du mont Casius de Séleucie. Cette
liqueur a un goût gracieux, quoiqu'un peu âpre. L'arbre qui la
donne, porte le même nom : il ressemble au coignassier; il est

Un jour, dit-on, l'on prit dans la Pamphylie un *pardalis* portant une chaîne d'or au cou, avec cette inscription en lettres arméniennes : *Arsacès, roi, au dieu Nyséen.* J'observerai, en passant, que cette inscription, qui se trouve dans le texte de Phile, ne se trouve dans les manuscrits ni en caractères arméniens, ni en caractères grecs. Arsacès, alors roi d'Arménie, frappé de la grandeur de l'animal, l'avoit consacré à Bacchus, que les Indiens et tous les Orientaux appellent *Nyséen*, du nom de Nysa, ville et contrée des Indes. La bête dont je parle étoit apprivoisée, souffroit qu'on la touchât et qu'on la caressât. Mais elle entra en chaleur au printemps, lorsque *les pardalis même* sentent l'aiguillon de l'amour. Alors elle se retira dans les montagnes, portant avec elle son collier. Elle fut prise ensuite dans la partie la plus basse du Taurus, attirée par l'odeur des aromates.

CHAPITRES XII et XIII.

Utilité de la chasse. — Sortie contre les Sophistes.

Dans le chapitre XII et dans le suivant, qui traitent de l'excellence et de l'utilité de la chasse, Xénophon se permet une vive sortie contre les sophistes de son temps. En enseignant à chasser les sangliers, les panthers et les ours, tomber

---

creux en dedans, et cette cavité est toute remplie de suc. Au commencement des jours caniculaires, de petits vers se jettent sur cet arbre et le rongent; d'où il arrive que la vermoulure se mêle avec la liqueur, la salit et la gâte. Après le styrax de Syrie on fait cas de celui de Pisidie, de Sidon, de Chypre et de Cilicie : mais celui de Crète n'est pas estimé. Celui du Mont-Amanus, en Syrie, est employé par les médecins, et plus encore par les parfumeurs. Mais de quelque endroit que vienne le styrax, on préfère celui qui est gras, visqueux et de couleur rousse. Quant à celui qui ressemble à du son, et qui est couvert d'une certaine chancissure blanche, c'est le pire de tous. On falsifie le styrax avec la résine, ou avec la gomme de cèdre, quelquefois avec le miel ou avec les amandes amères. Toutes ces différentes sophistications se reconnoissent au goût. *Voyez* Pline, *liv. XII, ch. 25.*

sur les sophistes est un trait qui seul feroit reconnoître un disciple de Socrate. On sait que Platon, Xénophon et Socrate les combattoient par-tout où ils les trouvoient, parce qu'ils les jugeoient bien plus dangereux que les animaux féroces. Xénophon oppose les services que le chasseur peut rendre à sa patrie, aux occupations plus qu'inutiles d'une classe d'hommes qui, ne s'occupant jamais des choses, ne donnoient de l'importance qu'à des mots. On devine qu'il s'agit des sophistes. Il les accuse de flatter les passions de la jeunesse, et de l'égarer au lieu de lui montrer le chemin de la vertu. Il va jusqu'à les défier de citer un homme que leurs discours et leurs frivoles écrits aient rendu vertueux. Il exhorte à se tenir en garde contre les préceptes de ces maîtres orgueilleux, qui ne couroient qu'après les richesses et les jeunes gens nés au sein de l'opulence. Mais, dit-il, accessibles à tous, amis de tous, les philosophes ne règlent ni leur estime, ni leur mépris sur la fortune. Cette dernière réflexion doit se rapporter à la modération et de Platon et de Socrate, qui n'exigèrent jamais de rétributions de la part de leurs disciples. Aristippe fut le seul disciple de Socrate qui fît payer ses leçons. Quant à Xénophon, il ne tint point d'école ; il se contenta d'écrire des ouvrages solides, et de démontrer la futilité de ceux que publioient les sophistes. Il a porté cet esprit jusque dans son Traité de la chasse.

FIN.

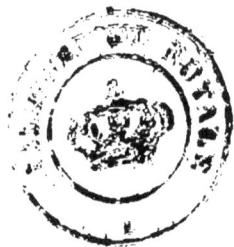

www.ingramcontent.com/pod-product-compliance
Lightning Source LLC
Chambersburg PA
CBHW050108210326
41519CB00015BA/3881